コーギー式生活のオキテ

飼い主しか知らない
コーギーとの暮らし、55の裏事情。

編：コーギー式生活編集部

誠文堂新光社

コーギー式生活のオキテ

♣ Corgi Gallery

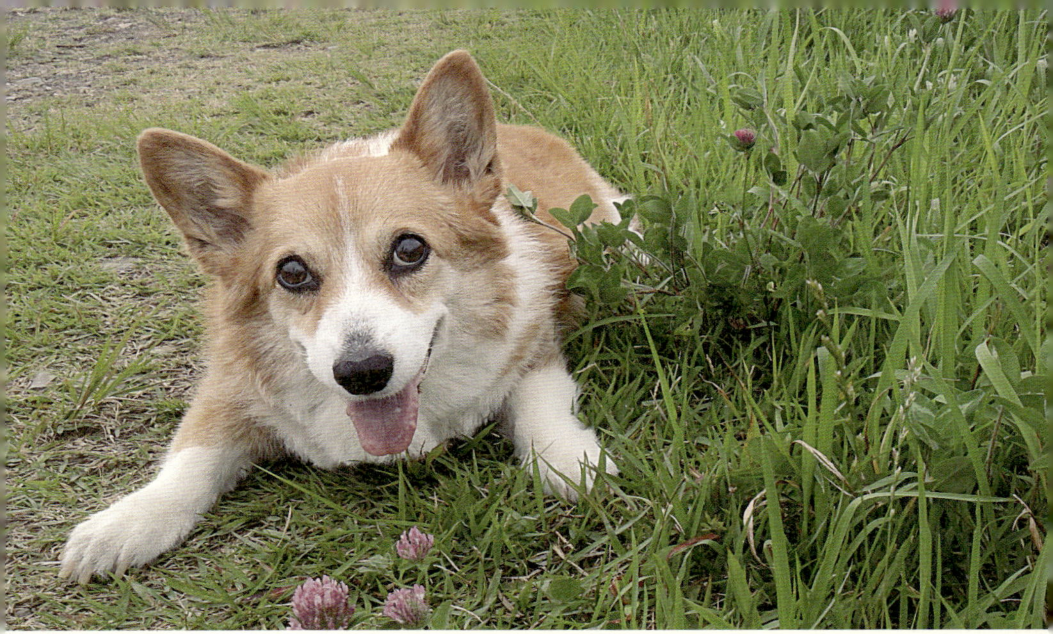

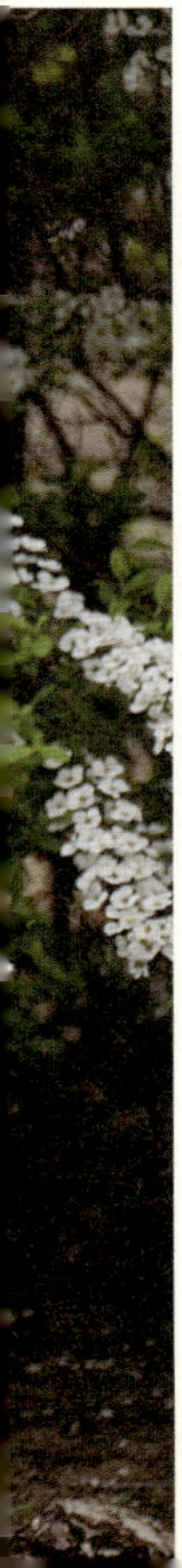

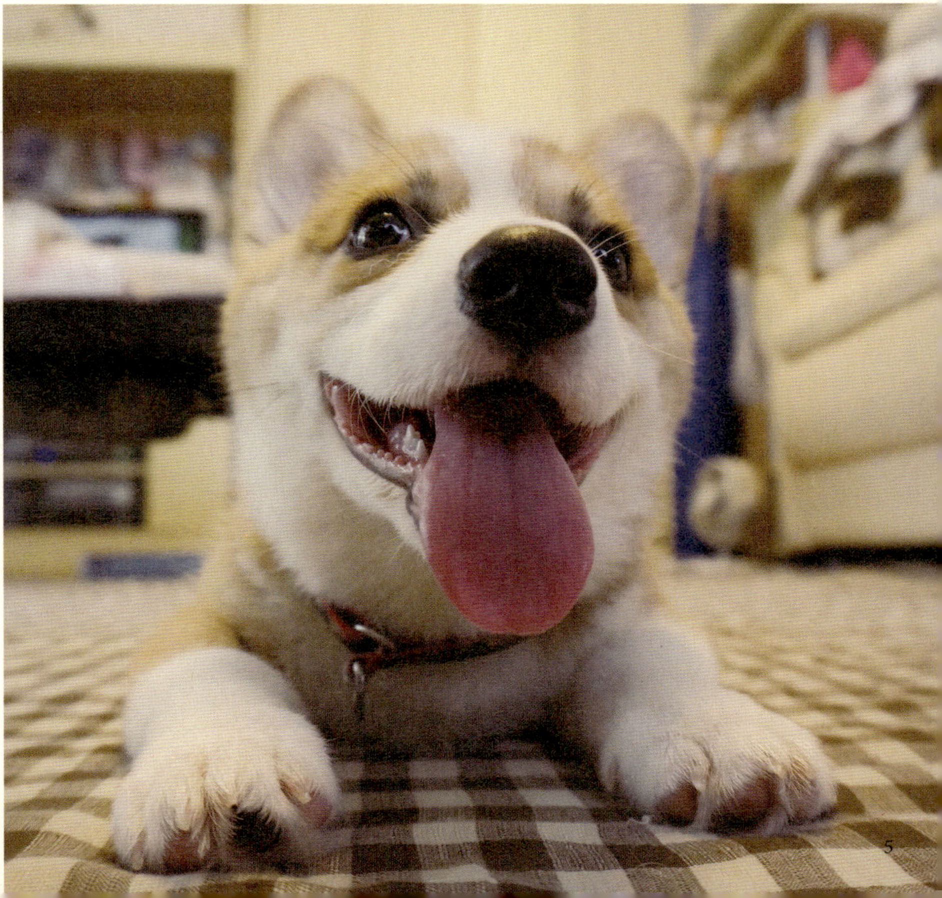

はじめに

　短い脚、大きな耳、ぷりぷりのお尻、そして満面の笑み……。
　コーギーの魅力、かわいいところを語りだすとキリがないのですが、こうした見た目の魅力だけではなく、その性格だったり、賢さだったりといった、実際に飼ってみないと判りづらい部分にコーギーの本当の魅力が隠されていたりします。
　そこでこの本では飼っている人にしか味わえない、奥深いコーギーの魅力について、存分に語ってもらおうと考え、全国のコーギー飼いの皆様にご協力いただ

きました。
　もちろん、コーギーとひとくちに言っても、10頭いれば、10通りの性格や魅力があるわけですが、いわゆる犬種本や飼育書だけでは判らない、飼い主から見た、リアルなコーギーの魅力や飼育のノウハウといったものを探っていけたら、という飼い主目線のコーギー本です。
これからコーギーを飼ってみたいという方、そしてもちろん、すでにコーギーを飼っているコギ好きの方も、ぜひコーギーの魅力を堪能していただけたら幸いです。

目次 Contents

1 コギ様の性格。

みんなのコーギー　基本データ—12
飼う前のイメージって？—14
実際に飼ってみてイメージは？—16
コギ様の性格、教えてください。—18
コギ様とよそ様の犬。—20
コギ様の賢さって……。—22
ちょっと？　コギ様？—24
コギ様としつけ—26
覚えちゃいました。—28
いたずら、しましたね。—30
人好き？　人嫌い？—32
咬んでます？—33
お客様とコギ様。—34
コギ様と家族の関係。—36
やめてくれない……。—38

コラム：コーギーのしっぽとお尻。—40

2 コギ様のお部屋と生活。

コギ様の部屋はどこ？—46
床と階段。—47
お留守番。—48
暑い日のコギ様。—49
コギ様のお散歩。—50
コギ様の抜け毛攻撃。—52
コギ様と動物。—54

3 コギ様のごはん。

どんなごはん食べてますか？ —60
フードの選び方。 —62
コギ式手作りごはん。 —64
コギ様はおやつがお好き。 —66
ダイエットのお話。 —68

4 コギ様の家計簿。

コギ様の食費。 —76
コギ様の病院代。 —77
コギ様の大出費。 —78

コラム：コーギーの後ろ姿。 —80

5 コギ様の健康。

コギ様と病院。 —86
コギ様と予防接種。 —88
ノミ、ダニ、コギ様。 —89
コギ様の歯磨き。 —90
コギ様の不妊去勢。 —91
気になる病気。 —92
コギ様の持病。 —94
病院に行くタイミング。 —96
コギ様の入院。 —98
コギ様の保険。 —99
シニアなコギ様の変化。 —100
シニア生活のコツとポイント。 —102
コギ様の介護。 —103

コラム：コギ様の気になる病気。 104

6 コギ様は素敵。

コギ様のチャームポイント。 —112
語ってもらいました、コギ様を。 —114
次もやっぱり？ —116

コギ様の性格。

コーギーのオキテ

いたずらをごまかす時は
満面の笑みで！

1 コギ様の性格。

みんなのコーギー
基本データ

今回アンケートに参加いただいた皆様のコーギーたちの基本的なデータから見ていきましょう。

まずは年齢からみていくと、平均で6.3歳。一番元気な盛りですね。続いて性別ですが、今回はオスのほうがやや多めという結果になりました。

ちなみに、コーギーには2種類、ペンブロークとカーディガンがいますが、今回お答えいただいたコギ飼いさんの場合、ペンブロークが圧倒的多数という結果に。

飼育頭数では単独飼育の方が一番多かったのですが、複数のコーギーたちと暮らしている、という方がなんと全体の30％近く、という結果になりました。ちなみに一番多かった方はなんと13頭のコーギーとの生活を満喫中。いやあ、うらやましい。

コーギー式DATA 01

コーギー式DATA 02

コーギーの年齢は？
平均**6.3**歳
（最高齢19歳）

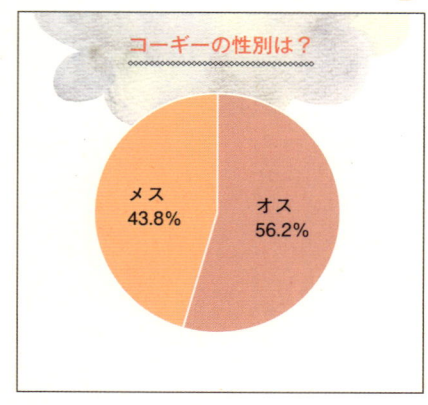

コーギーの性別は？
メス 43.8％
オス 56.2％

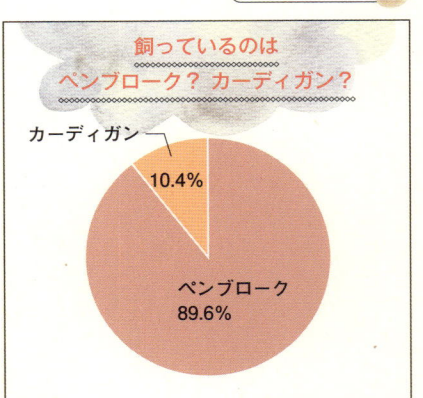

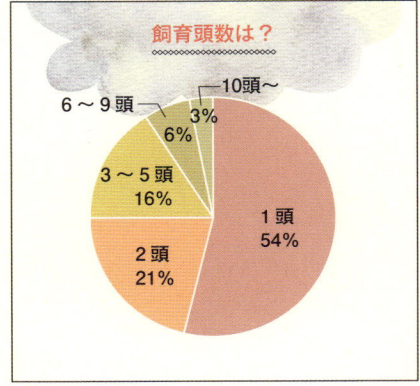

コーギー式DATA 03
**飼っているのは
ペンブローク？ カーディガン？**

- カーディガン 10.4%
- ペンブローク 89.6%

コーギー式DATA 04
飼育頭数は？

- 1頭 54%
- 2頭 21%
- 3～5頭 16%
- 6～9頭 6%
- 10頭～ 3%

1 コギ様の性格。

飼う前のイメージって？

犬を飼う前と実際に飼った後ではイメージが違ったりするのはよくあることです。そこでまず、コギ飼いさんたちに、飼う前に持っていた、コーギーについてのイメージを伺いました。結果を見て思ったのは、「キョンキョン恐るべし」。では、みなさんのコーギーのイメージをちょっとのぞいてみましょう。

コーギー式DATA 05

 みんなのコギ式アンケート コーギーを飼う前のイメージは？

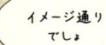 イメージ通りでしょ

○活発で　遊び好き。（神奈川県　モルママさん）

○元気はつらつ。（神奈川県　くるみるくママさん）

○人懐っこい。（北海道　HALUママさん）

○短足。顔がでかい。（神奈川県　しゃみおさん）

○コロコロしててかわいい。（沖縄県　のりてんさん）

○短足で、胸毛がフサフサであまり可愛くない。（福岡県　ckさん）

○とても人懐こくて、どちらかと言えばおとなしい性格で飼いやすいイメージ。
　（福岡県　ラッちゃんさん）

○陽気な性格で、走ることが大好きなイメージ。（神奈川県　あいはらファミリーさん）

○おしりが可愛い。（東京都　石神さん）

○踵を噛むのかと思っていた。（東京都　メープルさん）

○牧畜犬と聞いていたので、ボーダーコリー並みに賢そうなイメージ。
　（宮城県　宮城のムネさん）

○いつもニコニコしていて明るい。（千葉県　ゆりさん）

○午後の紅茶のCMのイメージ。（大分県　土管犬さん）

○おっとりしている。（神奈川県　ヒロタさん）

○エリザベス女王のわんこ。きょんきょんの午後ティのCMの子で賢そう
　（神奈川県　mukugiさん）

○CMのようにちょこちょこ後ろをついてくるイメージ。（兵庫県　モンちゃんさん）

コギ様のルール

テーブルの上の物は食べてはいけない。ということはテーブルの下はOK。

1 コギ様の性格。

実際に飼ってみて
イメージは？

はじめまして

さて、ここからが本番。飼う前のイメージはさまざまでしたが、みなさん、実際に飼ってみてイメージ通りだったのでしょうか。回答を見る限り、予想通りとかイメージに近かった、という方が多いようですが、良い意味で予想と違った、という意見も。また賢い、というイメージも、その方向性や意味合いがちょっと違った、といった方も多いようです。

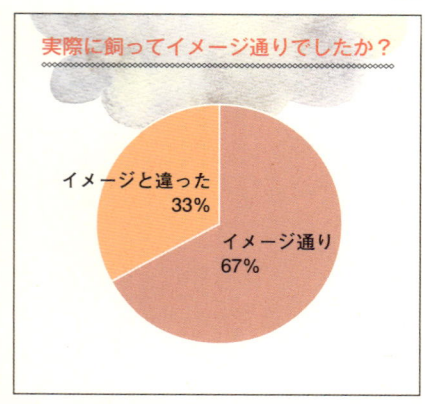

コーギー式DATA 06

実際に飼ってイメージ通りでしたか？

- イメージと違った 33%
- イメージ通り 67%

コギ飼いの鉄則 ｜ 満面の笑みの時はお腹がすいているか、いたずらの後。

飼い主しか知らないコーギーとの暮らし、55の裏事情。

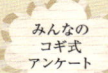 **実際に柴犬を飼ってみて、コーギーはどんな犬？**

○興奮しやすい。（千葉県　山田さん）

○結構いたずら好き。結構でかい。男の子は結構吠える。でも甘えてデレデレ。（akikoaさん）

○イメージ通りでしたが、それ以上に頭の良さに驚き。（神奈川県　BAKUさん）

○もう少し落ち着きのある犬種だと思っていました。（北海道　ゆうきさん）

○コーギーとひとくくりではなく犬によってそれぞれだと思いました。（埼玉県　佐藤さん）

○イメージ通りでしたが、賢さは想像以上でした。（神奈川県　ローガンさん）

○散歩があまり好きではなく、いつも寝ている。（兵庫県　はむちゅさん）

○甘えん坊で、グダグダしている。（東京都　メープルさん）

○やんちゃさんで甘え上手。大型犬なみに声が大きい。（大阪府　山口さん）

○やんちゃさんで甘え上手。大型犬なみに声が大きい。（福岡県　ラッちゃんさん）

○予想を上回る可愛さでした！（東京都　石神さん）

1 コギ様の性格。

コギ様の性格、
教えてください。

もちろん、同じコーギーといっても、気が強かったり、甘ったれだったりと性格は千差万別。とはいえ、なんとなくの共通項もあったりするので、ついついコーギーを見かけると、どんな性格なのか気になっちゃいます。ということで、皆さんのコーギーがどんな性格なのか、ひと言で答えていただきました。

飼い主しか知らないコーギーとの暮らし、55の裏事情。

コーギー式DATA 07

みんなのコギ式アンケート　コーギーの性格、ひと言でいうと？

○人懐っこい甘えん坊な性格、でも小さな子供はちょっと苦手。(宮城県　宮城のムネさん)

○ハイパー内弁慶。(広島県　サムママさん)

○食いしん坊。(東京都　ヒロパパさん)

○やんちゃ。(神奈川県　こぎろうさん)

○甘えん坊ですぐに調子に乗ります。やきもちやき。(沖縄県　のりてんさん)

○やんちゃで頑固、妙に人間ぽい。(神奈川県　小澤さん)

○爪切りを除けば超甘えん坊。(東京都　うめももパパさん)

○気弱な俺様野郎。(群馬県　温泉犬さん)

○お茶目。(大阪府　山口さん)

○穏やかでフレンドリー。(千葉県　マロンママさん)

○チャースケ：ドン臭い、コタロー：シャイでマイペース、シズちゃん：ビビりで内弁慶、クロベエ：フレンドリーで甘えん坊（熊本県　チャコタママさん）

○びびりで、お嬢で、人が大好き、食いしん坊。(北海道　HALUママさん)

○さくら：姉御肌、かりん：びびり、くおん：社交性抜群、まりん：利発、れおん：のほほん、ぷりん：甘えん坊、こむぎ：キツい。(茨城県　馬場さん)

1 コギ様の性格。

コギ様とよその犬。

さて、千差万別な性格のコーギーたちですが、他の犬たちとの関係はどうなんでしょうか。散歩やドッグランですれ違う時、どうしても気になりますよね。ちなみにウチのコギ様は自分より大きな犬が通りがかると、見えないふりをしてごまかします。自分より小さなときは吠えかかるふりをしてダッシュで逃げていくへたれです。みなさんのコーギーたちはどんな反応をするのでしょうか。

見られてる気が…

飼い主しか知らないコーギーとの暮らし、55の裏事情。

コーギー式DATA 08

コギ様のルール
オヤツをしまってある場所は必ずチェック。

みんなの
コギ式
アンケート

他の犬との関係は？

○基本、犬はキライです。 小型犬が特に嫌いな様子。(和歌山県　はろうぃんさん)

○くるみは、仲のイイ子には寄って行きますが、知らない子は、あまり興味なし。
みるくは、誰にでもごあいさつしたがり、すぐにゴロンします。
(神奈川県　くるみるくママさん)

○フレンドリー。(千葉県　マロンままさん)

○おおらか。でもなぜか嫌われることが多い気が。(群馬県　温泉犬さん)

○好き嫌いが激しく、いやだと思った子には吠えまくります。(広島県　ばん君母さん)

○ツンデレ。(静岡県　佐野さん)

○好きなワンちゃん（柴犬が特に好き）には自ら挨拶に行く積極派。逆に積極的にされる
のが苦手。ビビりな性格が露わに。(神奈川県　あいはらファミリーさん)

○全てのワンコと挨拶したいようです。でも女の子のくせに女の子の方が好き。以前大型
犬の子犬に飛び乗られたトラウマから飛び跳ねるワンコと「好きだよ！！」とアピール
の強いメンズワンコにはワンワン言っちゃうことも。(埼玉県　ここあといっしょさん)

○まず他のワンコに吠えることなく、低姿勢で寄って行きごろんと転がり、無防備、敵で
はないことをアピール。次の瞬間、「遊ぼ！遊ぼ！」としつこく言いよるので大体のワン
コには、うっとおしがられます。(神奈川県　BAKUさん)

1 コギ様の性格。

コギ様の賢さって……。

コーギーを飼っていると、「犬の賢さってなんだろう?」と思わず考えてしまうような行動や反応を見せてくれることがあります。完全に飼い主の予想を上回るようなコギ様の賢さは実際に飼ってみないと判らないかもしれません。皆さんの話を総合すると、コーギーの賢さの秘密は先読み?

コーギー式DATA 09

みんなのコギ式アンケート

コーギー様のかしこいと思うところは？

○いつもアイコンタクトをとっている。（兵庫県　はむちゅさん）

○快適な場所を見つけて、そこで開きになって、リラックスして全員を監視しています。いつでも散歩やおやつがもらえるように準備万全の体制です。（神奈川県　BAKUさん）

○お出かけの気配を察し、さらに人の動きを見て状況に合わせて自分の動きを選ぶ。子どもが叱られたりするとそっと安全な場所に避難する。（神奈川県　にゃんさん）

○いつも寝てばかりで存在感が薄いが、旅行鞄を出すと猛アピールしてくる。（神奈川県　ヒロタさん）

○ボールっていうと　庭中探して持ってくる。（広島県　愛瑠ママさん）

○お友達ワンコの家を結構覚えていて、「〜ちゃんのお家どこかな？」と言うと案内してくれます。（埼玉県　ここあといっしょさん）

○家族の食事が終わるとそそくさと去っていく時。（千葉県　岩崎さん）

○まるで人の気持ちを見透かすかの如く寂しい、悲しい時は寄り添い、怒られた時にはごめんなさいと反省する人間らしいところ。（茨城県　馬場さん）

○散歩中など、絶対にリードが引っかかったり、絡まったりしないよう、動く場所を判断している。（東京都　ともママさん）

○リビングで遊んでいた時にトイレをしたくなったらしく、しばらく考えてテーブルの上から新聞紙を加えて下ろし、その上にオシッコをしていました。しかもちょっと申し訳なさそうな顔！（東京都　短足パパ）

1 コギ様の性格。

ちょっと？ コギ様？

普段、賢いコギ様でも、思いもよらない失敗をすることもあれば、思わず「もしもし？」とコギ様に聞いてみたくなるような行動で驚かされることもあります。ということで、コギ様のおバカエピソード、そして、驚かされた話などをここでまとめて一挙に紹介。

なんか落ち着く♪

コギ飼いの鉄則 ｜ ケージの中は失せ物の宝庫。

飼い主しか知らないコーギーとの暮らし、55の裏事情。

登っちゃダメ？

コーギー式DATA 10

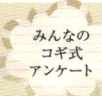
みんなの
コギ式
アンケート

驚かされたエピソードや笑わされたエピソード

○散歩中にテンションがあがると周りが見えないようで　溝に落ちたり電柱にぶつかる。それも何度も……。（広島県　ぱん君母さん）

○怒っているネコにも遊ぼうとする。（神奈川県　もるままさん）

○くるみは、おならが嫌いで、人がぷぅ～とすると、首をかしげながら離れます。散歩中に、くるみ自身がおならしても、「もぉ～ママったら」って顔して上目使いで、ものすごく嫌な顔されます。（神奈川県　くるみるくママさん）

○咬み癖があるコで家族は散々咬みつかれていますが、よその人やネコにはとってもフレンドリー。その線引きはなに？（宮崎県　坂本さん）

○子犬の頃、母がタンクトップを着てかまっていた時、彼の目の前でプルプルする母の二の腕をやんわり噛みに行った。彼にとってオモチャよりも魅惑のプルプルだったのか～。（和歌山県　はろうぃんさん）

○フードの袋を食い破ってたらふく食べて、お腹パンパンになって苦しそうに呻いてた。（熊本県チャコタママさん）

○訓練所に預けているとき　みんなの水入れになっているプランターにお風呂のように浸かってる姿を見たとき、まるでパウンドケーキのようでした。（広島県　愛瑠ママさん）

25

1 コギ様の性格。

コギ様としつけ。

しつけの問題はどんな犬種を飼ってもついてまわるものですが、コーギーを飼う場合、どんな問題が待っているのでしょうか？ コギ飼いの皆さんにしつけでの困りごとについて、伺ってみました。

エヘ、いたずらしてないよ

コーギー式DATA 11

みんなの コギ式 アンケート しつけで困ったことはなんですか?

○要求吠えと、家のチャイムや電話の呼び出し音で吠える。(東京都　桝谷さん)

○かみ癖です。(北海道　ゆうきさん)

○たぶんしつけていないです。とても楽をさせてもらっています。(埼玉県　佐藤さん)

○掃除機嫌い。(神奈川県　ローガンさん)

○人間の食べ物を与えてしまったために、犬連れ可のレストランなどで「くれくれ」とワンワンうるさいこと。(神奈川県　ヒロタさん)

○先住犬との相性が良くならない。(千葉県　岩崎さん)

○無駄吠え。(福岡県　夕日さん)

○今も困っています。室内トイレがうまくできません。(宮城県　宮城のムネさん)

○トイレシーツを覚えず、トイレシーツのようなものの上ならトイレをしてしまう。(埼玉県　佐々木さん)

○食い意地。食べ物を前にすると我慢ができない。(静岡県　佐藤さん)

1 コギ様の性格。

覚えちゃいました。

コーギーを飼っていると、「あれ？いつの間に覚えたの？」とか、「そんなこと教えたっけ？」というようなシーンに遭遇することが結構多いような気がします。そこで、コギ飼いの皆さんに質問。「教えていないのにいつの間にか覚えていたことはありますか？」やはり、先読み＆自己判断の得意なコギ様たち、いろいろなことを勝手に覚えていってくれているようです。

飼い主しか知らないコーギーとの暮らし、55の裏事情。

みんなの
コギ式
アンケート

しつけてないのに勝手に覚えたことはありますか？

○ハウスに入る。トイレ。（東京都　桝谷さん）

○トイレ。トイレマットを敷いたらしてくれた。（神奈川県　こぎろうさん）

○みんなが寝る時間になったら、勝手に自分のケージに入って寝る。（東京都　ともママさん）

○自然とボールを投げると持ってきてくれるようになりました。（千葉県　ゆりさん）

○ごはんの前にハウスに入ること。（神奈川県　にゃんさん）

○出したおもちゃを片付ける。欲しくなったら箱から出す。（岡山県　むにさん）

○お座り。（茨城県　馬場さん）

○ハイタッチ・手を上げてハーイ・こんにちのコマンドでふせて頭をさげる。（兵庫県　はむちゅさん）

○ネコに敬意を払う。猫に咬まれても我慢。（栃木県　もっさん）

○もってこい。（千葉県　山田さん）

○お手・おかわり・待て・「くるくる」と言ったらまわる。（福岡県　ckさん）

○車でお出かけの時はケージに入る。（福島県　ひろさん）

○お散歩の途中、自分の靴ひもがほどけた時、「ちょっと待って」と言うと、ひも結びが終わるまで黙って待ってくれます。（宮城県　宮城のムネさん）

○家の通用門を入ってフリーにしていても、庭には入らない。ギリギリまでは近づいても、"OK"がないとクルッとターンして帰ってくる。（大阪府　山口さん）

コギ様のルール　一度もらったオモチャは死守！

コーギー式DATA　12

1 コギ様の性格。

いたずら、しましたね？

もちろん、コーギーだっていたずらをします。しかも知恵が回るだけに結構手の込んだいたずらだったり、隠ぺい工作をすることも。ちょとほほえましいいたずらから、思わず頭を抱えてしまういたずらまで、コギ様たちの悪行を報告していただきました。

コーギー式DATA 13

| みんなの コギ式 アンケート | これまでにやった一番大きなイタズラは？ |

○買ったばかりのソファーに穴をあけた。（北海道　ゆうきさん）

○新築の家の壁に穴をあけた。（東京都　ともママさん）

○メガネを噛って壊した。（東京都桝谷さん）

○車内のソフトキャリーケース(クレート替わりに用意した物)に入れて移動中、ファスナー破壊して脱出、助手席へ。（神奈川県　ローガンさん）

○ソフトキャリー、1時間で破壊。カート20分で破壊。（大分県　ももちゃんさん）

○車のシフトノブを噛んで触れないほどとげとげ状態にしたこと。（岡山県　山本さん）

○生米1kg完食。そのあとお腹の中で膨らんで泣いていました。（東京都　スカイさん）

○同居の猫のエサを盗み食い。ひそかに猫トイレでおしっこ。（福岡県　村正さん）

○脱走してご近所の家に上がりこみ、ご飯をもらってくつろいでいました。（群馬県　温泉犬さん）

○新横浜で大脱走。（神奈川県　mukugiさん）

○スーパーで買って来たパックの生肉を、手を洗っている間に、わざわざ開けて全部食べていた。（akikoaさん）

1 コギ様の性格。

人好き？　人嫌い？

コーギーの場合、よく人好きだという話を聞きます。一般的なイメージでも、コギ様のあの満面の笑みがすぐに浮かんでくるので、人好きのイメージが強いのかもしれませんが、「コーギーは咬む」といった話もよく聞きます。実際のところはどうなんでしょうか？

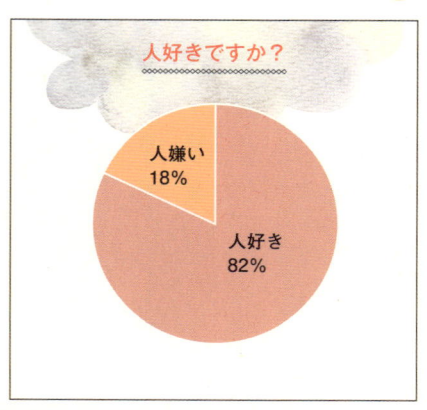

コーギー式DATA 14

人好きですか？

人嫌い 18%
人好き 82%

コギ飼いの鉄則 ｜ 雨の日の散歩はコギ様次第。

1 コギ様の性格。

咬んでます？

人好きのコギ様がかなり多いという結果が出ましたが、「咬む」とか「ヒーラー」といたイメージも強いのがコーギーという犬種。そこで、コギ飼いの皆さんに咬まれた経験があるか伺ってみました。

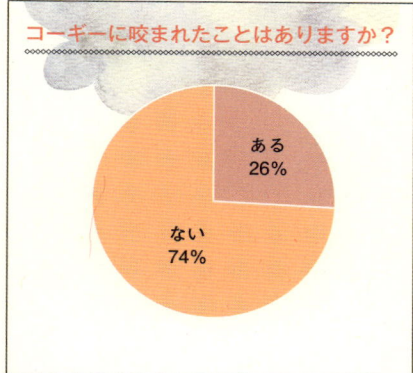

コーギー式DATA 15
コーギーに咬まれたことはありますか？
- ある 26%
- ない 74%

コーギー式DATA 16

みんなのコギ式アンケート　どんな状況で咬まれましたか？

○ ご飯を食べている時に、食器を触ったら噛み付かれたことがあります。（埼玉県　モモ母さん）

○ 寝ている時に寝返りをうって、脚が当たったら咬まれた。（兵庫県　緑豆さん）

○ 猫に飛びかかろうとして、止めようとしたら咬まれた。病院行き。（熊本県　笹舟さん）

○ 脚を怪我していて、触ろうとした時に咬まれたことがあります。（宮城県　犬ご飯さん）

1 コギ様の性格。

お客様とコギ様。

お客さんへの反応って、犬を飼っているととても気になりますよね。特に家の中は犬にとっては自分のテリトリーの中。普段、散歩等で人に会うのとは反応が違う場合もあります。ということで、お客様への反応を皆さんに伺ってみました。

ゴハンかな？

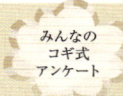

コギー式DATA 17

**みんなの
コギ式
アンケート**　お客さんへの反応は？

○お客さんの横でぺったり寝る。（神奈川県　mukugiさん）

○うれしくて盛り上がって、お客さんに飛びついてします。（神奈川県　にゃんさん）

○何かくれるお客さんは歓迎。（埼玉県　ももママさん）

○とりあえず挨拶したらあとは基本無視。（栃木県　サラさん）

○とにかくエヘエヘしています。（東京都　ともママさん）

○不用意に触られると、解き語気不機嫌そうな顔をしていますが、とりあえず我慢。
　（東京都　ぷちこぎさん）

○かまってくれるまで、あの手この手で愛想を振ります。（福岡県　水のさん）

○男の人は基本無視。女の人には満面の笑みでアピール。（福島県　とれもろさん）

○子どもは苦手みたいです。（群馬県　温泉犬さん）

○同居犬の後ろに隠れて、ちょっと吠えてみせ、後はどこかに避難。（和歌山県　中村さん）

1 コギ様の性格。

コギ様と家族の関係。

さて、ここで質問です。コギ様から見て、家族の順位ってどうなっていると思いますか？ コーギーを観察していると、時々すごく達観していて、上から目線の時ってないですか？ ということでコーギー目線の家族順位、皆さんに伺ってみました。

飼い主しか知らないコーギーとの暮らし、55の裏事情。

コーギー式DATA 18

みんなの コギ式 アンケート

コーギー目線の家族順位は？

○ 1位　コーギー　2位　夫　3位　妻（神奈川県　mukugiさん）

○ 1位　猫　2位　夫　3位　コーギー　4位　妻（東京都　ともママさん）

○ 1位　母　2位　コーギー　以下下僕（大分県　ねぎ犬さん）

○ 1位　妻　2位　コーギー　3位　息子　4位　夫（群馬県　進さん）

○ 1位　コーギー　2位　妻　3位　長女　4位　長男　5位　爺ちゃん　（神奈川県　あいはらファミリーさん）

○ 1位　コーギー　最下位　母（福岡県　ckさん）

コギ様のルール

知らない人には気を付ける。でも、オヤツを持っている時は別。

1 コギ様の性格。

やめてくれない……

こ れさえしなければいいコなのに、と思うことってありませんか。普段は言うことなしの聞き分けのいい犬なのに、食べ物を見たら性格が変わる、とか、インターホンの音にだけは反応してしまう。もちろん、すべてが完璧な犬なんてなかなかいる訳はありませんが、飼い主としてはこれだけはやめてほしい、と思うことはあるはずです。そこでコギ飼いさんに、これだけはやめて欲しいと思うことについて聞いてみました。

飼い主しか知らないコーギーとの暮らし、55の裏事情。

コーギー式DATA 19

みんなの　コギ式　アンケート　やめて欲しいのにやめてくれないクセなどはありますか？

○とにかく吠えるのだけは止まらない。（埼玉県　うなぎ犬さん）

○干からびたミミズを見たら体をこすりつける。（福岡県ckさん）

○食糞や草を食べる。（茨城県　馬場さん）

○テーブルの縁を齧る。（栃木県　メメントさん）

○冷蔵庫を開けるとヨダレがだらだら。（東京都　モモ尻ワンコさん）

○リードを齧ってしまう。（京都府　佐田さん）

○他の犬にケンカを売る。弱いのに。（佐賀県　富田さん）

○車の中から歩行者に吠える。（長野県　右田さん）

○脱走。（新潟県　もんちゃんさん）

○雪を見るとなぜか大興奮。（北海道　魚介系こぎさん）

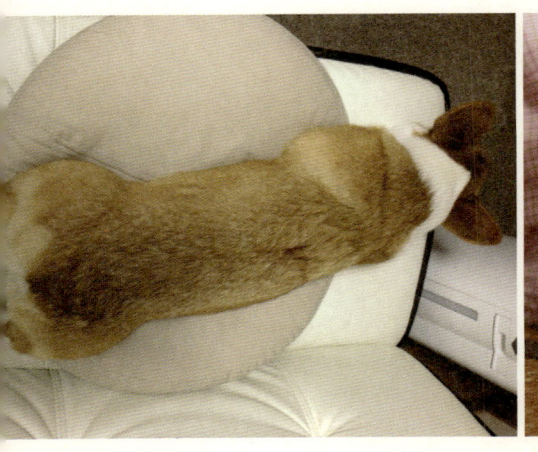

Column

コーギーのしっぽとお尻。

　以前はしっぽを振っているのがカーディガン、お尻を振っているのがペンブローク、というような大雑把な判定もできましたが、最近、しっぽ付きのコーギーって増えてきましたよね。あ、もちろんペンブロークの話です。ふさふさのしっぽ、かわいいですよね。

　ところで、このしっぽ、もちろん、犬にとってはいろいろな役目があります。体を動かす時にバランスを取ったりもするでしょうし、感情表現のひとつとして、しっぽを振ったり、さげたり、というような場面でも使います。このしっぽが無いコーギーの場合、それだけ周囲に対して、自分を伝える方法が少なくなる、というハンデはあるのかもしれません。

　我が家のコギ様は保護犬です。6歳（推定）でやってきました。初対面の日、ケージからとぼとぼ出てきたコギ様をみて、「物静かでおとなしい犬だな」という印象でした。でも、初日だから大人しいのか、具合が悪いのか、性格が根暗なのか、過去が判らないので、なんとも判断が付きません。目と耳の動きや雰囲気で推し量ろうにも、初日はデータがないので、なんとなく緊張気味なのかな、くらいに思っていました。夕方くらいまで様子を見て、散歩に連

コーギー式DATA 19

れて行き、このまま落ち着いてくれるといいな、と思っていた時に事件は起こりました。すぐ近くではしゃいでいた幼児にいきなりダッシュしたのです。でも、一緒に遊ぼうとしたのか、襲おうとしたのか、後ろ姿では判断が付かず、とりあえず抑えようと捕まえた途端、ばっくり咬まれました。しかも3か所。合計18針。

そこから1年、何度咬まれたか覚えていません。ただ、思ったのは、「しっぽがあればなあ」。たぶん、いろいろなストレスを抱えていたから、荒れている。それは間違いないと思います。でも、常に機嫌が悪いわけではなく、何かスイッチが入ると咬む。でも、しっぽがないので、機嫌が悪くなった瞬間が判りづらく、結果として咬まれる、ということが続きました。2年が経ち、3年が経ち、ようやく最近は犬も落ち着き、こちらも感情の起伏が顔つきや耳の動き

などから読めるようになったので、咬まれることもなくなりましたが、つくづく、しっぽって多くを語っていたんだなあ、と思い知らされました。恐らく犬同士でも同じようなことがあるのでしょう。犬にとっては、本当に大切なコミュニケーションツールなのだと思います。

🍀 Corgi Gallery

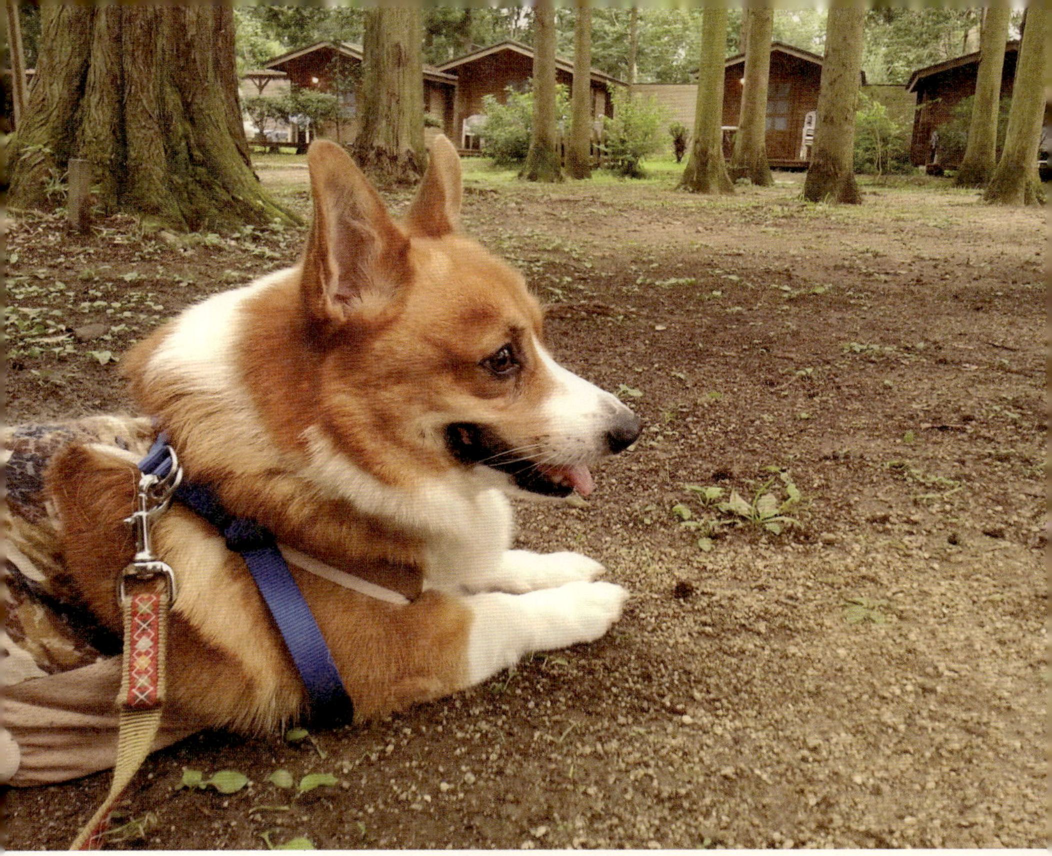

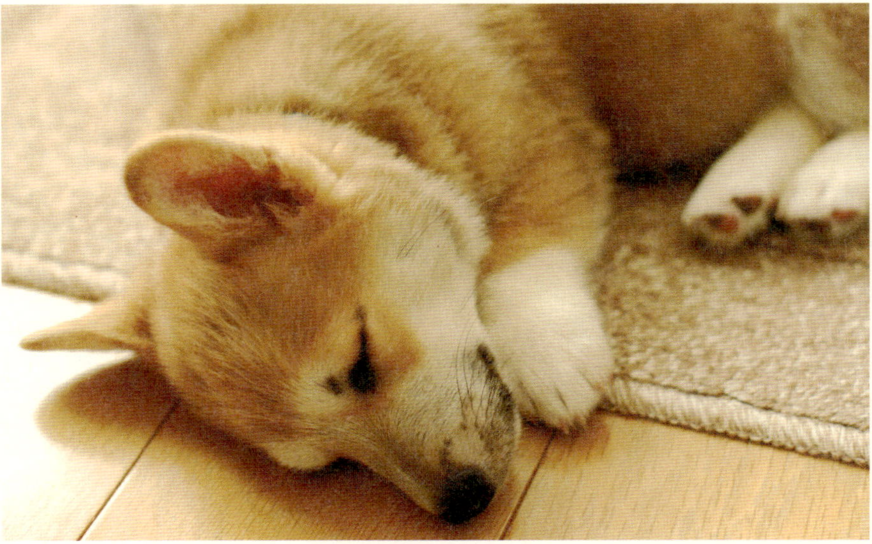

② コギ様の お部屋と生活。

コーギーのオキテ

家の中の縄張りは
こっそり広げるべし。

2 コギ様のお部屋と生活。

コギ様の部屋はどこ？

コーギー式DATA 20

　まずはコーギーの飼育環境から見て行きましょう。最近では小型犬が主流になっていることもあって、昔ほど犬を外につないでいる、といった光景はあまり見なくなりましたが、アンケートでもそれを裏付けるような結果に。屋外飼育の場合でも犬舎などで飼育されていて、室内飼育とあまり変わらないような環境の方が多いようです。

室内飼育？　屋外飼育？

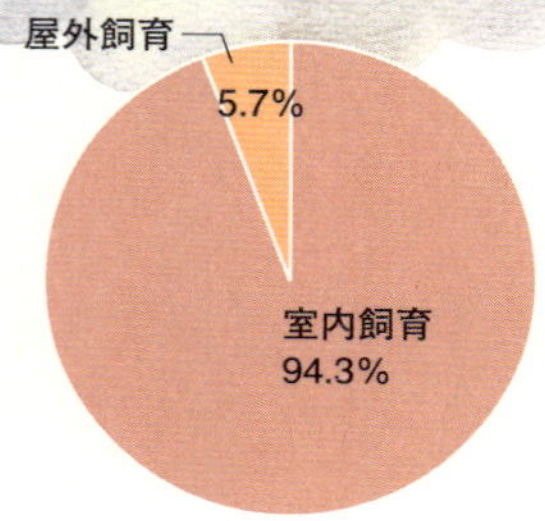

屋外飼育 5.7%
室内飼育 94.3%

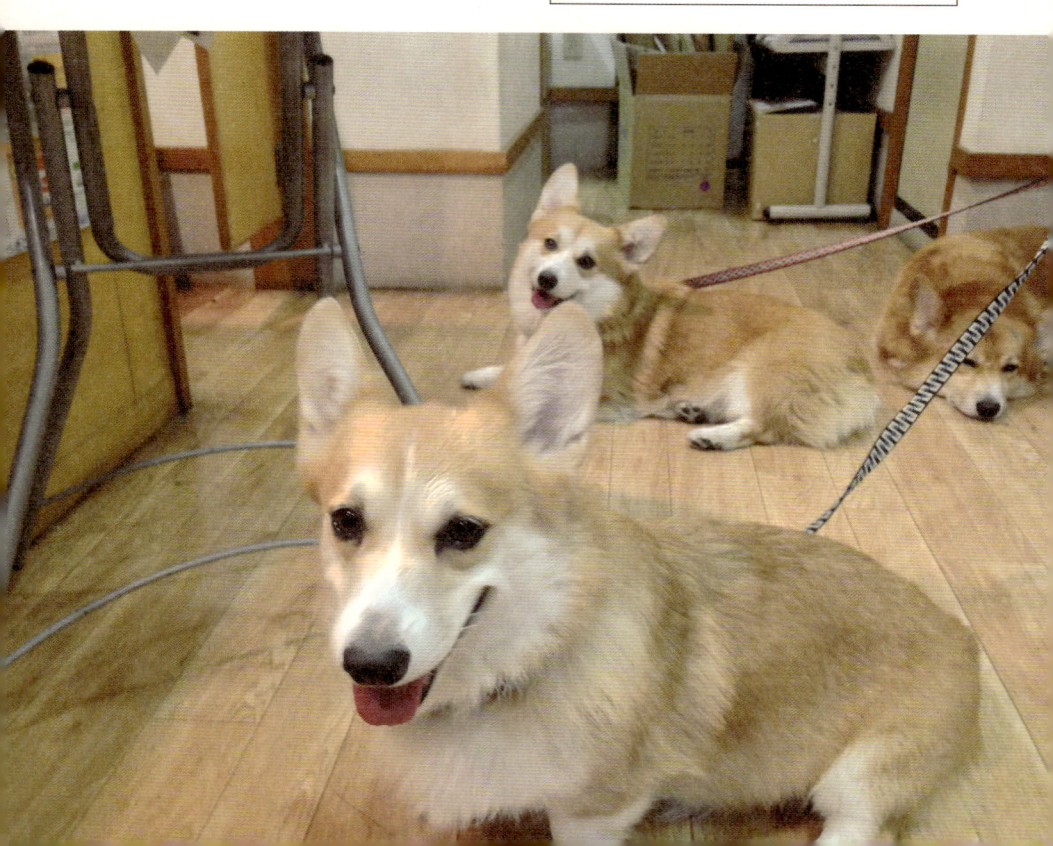

2 コギ様のお部屋と生活。

床と階段。

コーギーの場合、腰や股関節などにトラブルを抱えていることも多いのですが、そういった時に気になるのが床や階段。そこで床や階段をどうしているのかコギ飼いさんたちに伺いました。

コギ様のルール　粗相をした時は笑顔で対応。

コーギー式DATA 21

階段がある場合、どうしていますか？

- 常に抱っこ 42.1%
- 時々抱っこ 31.2%
- 自分で登る 26.7%

みんなのコギ式アンケート　階段、どうしていますか？

○基本、階段は抱っこ。（東京都　大山犬さん）

○家の階段は抱っこ。散歩中の階段は時々自分で登っている。（群馬県　神田さん）

○基本、本人任せ。登りたがらない時は抱っこ。（岩手県　美香さん）

○散歩中は遊びのひとつとしてOK。室内の階段は昇り降り禁止。（大阪府　山口さん）

コーギー式DATA 22

みんなのコギ式アンケート　飼育スペースの床材はどんなものですか？

○コルクフローリング。（神奈川県　にゃんさん）

○コルクマットを敷き詰めています。（山梨県　ひろゆきさん）

○普通のフローリング。（大分県　ムスカさん）

○フローリング（居間）、畳の部屋（寝室）。（神奈川県あいはらファミリーさん）

○部屋および廊下にフローリングの上にタイルカーペットを敷き詰めている。（茨城県　馬場さん）

○テラコッタタイル。（東京都　ともママさん）

2 コギ様のお部屋と生活。

お留守番。

お出かけの時は基本コギを連れて、という方も多いと思いますが、平日の仕事の際や法事など、コギ連れで、とはいかないこともあります。ということで、コギ飼いの皆様のお留守番事情を調査してみました。

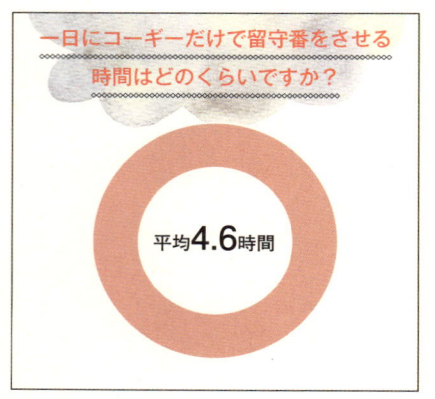

コーギー式DATA 23

一日にコーギーだけで留守番をさせる時間はどのくらいですか？

平均 **4.6** 時間

寝て待つの

みんなのコギ式アンケート
留守番させるときに気を使っていることは？

○子犬の時は冬場の室内温度。成犬になってからは、バリケンに入れて扉を閉めて留守番をさせているので、夏場の室内温度には気を使っています。（神奈川県　にゃんさん）

○誤飲の原因になりそうなものの片付け。（東京都　武田さん）

○食べ物は届かないところに置かない。（静岡県　佐野さん）

○換気。猫が部屋に入り込まないようにすること。（埼玉県　佐々木さん）

○ケージに入れているので特にはなし。（熊本県　ももちゃんさん）

| コギ飼いの鉄則 | ウンチ中に見つめられるのは嫌い。 |

2 コギ様のお部屋と生活。

暑い日のコギ様。

コーギー式DATA 24

コーギーは短吻種ではないので、暑さに特別弱い、という犬種ではないかもしれません。とはいえ、夏場の暑さ対策はきちんとやっておかないと思わぬ事故につながってしまうことも。ということで、コギ飼いさんたちの暑さ対策の知恵を伺ってみました。

みんなのコギ式アンケート　夏場の暑さ対策はどんなことをしていますか？

○留守番の時は部屋はエアコンと扇風機を併用。(東京都　ともママさん)

○エアコンに頼っています。停電やエアコンが壊れたことを考えると心配です。(東京都　うめももパパ)

○飲み水に氷を入れる。すだれ。ミストシャワー。保冷剤。(大阪府　山口さん)

○水は常に新鮮なものに入れ替えること、室内温度を27～28℃に保っておくこと。(神奈川県　にゃんさん)

○人が近くにいる時は、特になし。いない時はエアコンです。(群馬県　温泉犬さん)

○夏場は散歩の時間を1時間繰り上げて、朝5時に。(福岡県　むっちゃんさん)

○ひんやりボードを置く。クーラーを付ける。(神奈川県　くるみるくママさん)

○犬の部屋を涼しい1階に変更。扇風機と飲み水をしっかり与える。(埼玉県　佐々木さん)

2 コギ様のお部屋と生活。

お散歩。

続いてはコギ様のお散歩事情をリサーチ。日々の健康の源でもあり、また、外の世界を経験する場でもあるお散歩。特に運動要求の激しいコギ様の場合、単なるお散歩だけでは満足しない時もあります。一方、中には運動嫌い、散歩嫌いのコーギーもいるようで、皆さん、お散歩にはいろいろな工夫をされているようです。

コーギー式DATA 25

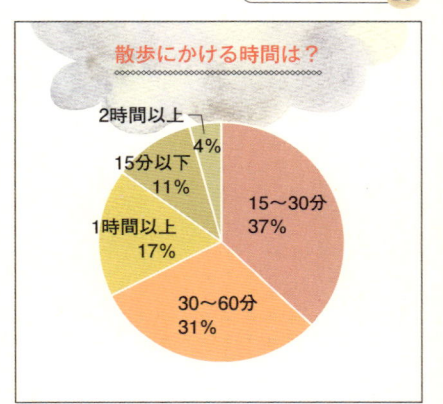

散歩にかける時間は？

- 2時間以上 4%
- 15分以下 11%
- 1時間以上 17%
- 15〜30分 37%
- 30〜60分 31%

何処行く？

飼い主しか知らないコーギーとの暮らし、55の裏事情。

お散歩の回数は？

- 散歩には行かない 6%
- 1日1回 11%
- 1日3回 15%
- 1日2回 69%

コギ様のルール

いたずらはばれるまで、平静を装う。ばれたらダッシュで避難。

みんなのコギ式アンケート

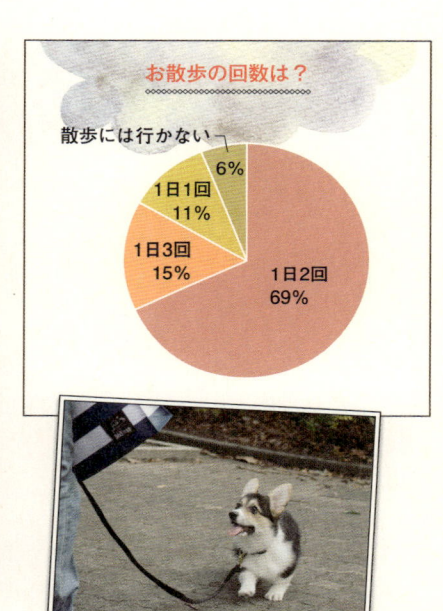

お散歩はどうしてますか？

○ 複数飼育しているので、散歩に連れて行く組み合わせを時々変えて連れて行くようにしています。（千葉県　コギ男さん）

○ 途中で公園に寄って、ボール投げなどで運動をさせる。そうしないと家に帰っても遊びたがる。（栃木県　スードリさん）

○ ここ2年ほど雨の日は一歩も出たがらず、梅雨時期は困ります。（山形県　まことさん）

○ 毎日、近所の河原まで行って、そこでしつけを兼ねたトレーニング。帰りはなぜかダッシュ。飼い主のほうが痩せそう。（福岡県　緑さん）

○ ダイエットさせたいので、散歩を長めにしたいのに、決まったコースからは頑として外れない。（徳島県　大橋さん）

> キレイになったでしょ

2 コギ様のお部屋と生活。

コギ様の抜け毛攻撃。

春になり、だんだん暖かくなってくると、コギ飼いにとっては戦いの日々が始まります。そう、コギ様たちの換毛期がやってくるのです。とにかく圧倒的な物量作戦をかけてくるコーギーたちの抜け毛をどうやって始末していくか、コギ飼いの根気と忍耐と創意工夫が試される一大イベントです。ということで、皆さんのコーギー抜け毛対策を伺ってみました。

飼い主しか知らないコーギーとの暮らし、55の裏事情。

コーギー式DATA 26

みんなのコギ式アンケート

抜け毛対策はどうしていますか？

○ ひたすらブラシで抜く。（●●●さん　●●県）

○ たまのブラッシングと服を着せてサロンに月1で連れて行ってます。
（神奈川県　mukugiさん）

○ ブラッシングと、ダイソンに任せる。（神奈川県　ローガンさん）

○ 無心になって、ひたすらむしる。（東京都　ともママさん）

○ 毎日ブラッシング＆週一で風呂。（群馬県　マサイさん）

○ この時期は風呂に付け込んで抜け毛を落とし、日々ファーミネーターでごっそり抜いています。（東京都　ミニラ母さん）

○ 散歩にもラバーブラシを携帯、せっせとブラッシング。（福島県　もーちゃんさん）

○ ちょっとしつこいくらいブラッシングします。ゴミ箱が犬毛でいっぱいになります。
（宮城県　宮城のムネさん）

○ 蒸しタオルで蒸した後、手でガシガシ抜く。仕上げにラバーブラシで30分ブラッシング。
（富山県　コギ母さん）

○ 全身を毎日掃除機で吸引。クセになっているようで犬も喜んでます。
（千葉県　マーボーさん）

2 コギ様のお部屋と生活。

コギ様と動物。

コーギー式DATA 27

コギ様単独飼育で、濃密なコギ生活というのも、もちろん楽しいのですが、他の犬種や動物と一緒に飼うことで、単独飼育では味わえない感動や驚きを体験できたりすることもあります。そんなコギ様と他の動物との化学反応について伺ってみました。

他の動物を飼っていますか？

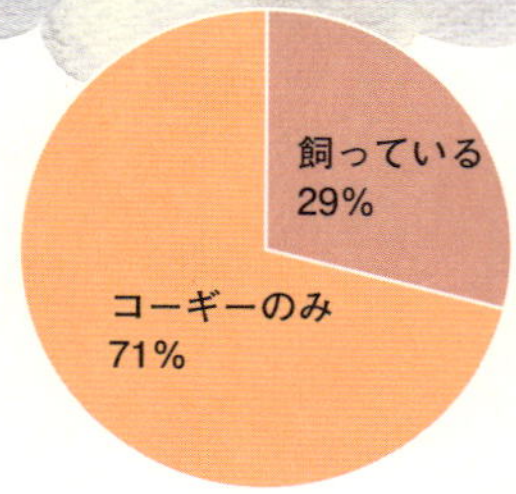

飼っている 29％
コーギーのみ 71％

※ちなみにコーギーの複数飼育は31％

えっ？

| コギ飼いの鉄則 | 散歩中にガウガウしても強いとは限らない。 |

**みんなの
コギ式
アンケート**　**コギ様と他の動物との暮らし**

○文鳥を飼っています。普段は気にしていないようですが、時々鳴き声に合わせて吠えています。(埼玉県　メスカリンさん)

○ネコ。最初はちょっと険悪でしたが、ほどなく猫が勝利。(宮崎県　大山さん)

○ネコを2匹。いいようにもてあそばれています。(東京都　奥山さん)

○ネコ。とても仲良しで兄妹のようです。(千葉県　村田さん)

○ネコを飼っています。お互いテリトリーに入ると文句を言っています。(岡山県　笹部さん)

○インコ。よく頭の上に乗って遊んでいます。あまり気にならないようです。耳を噛むのは嫌がります。(静岡県　もっちさん)

○カメ。基本お互いに干渉しません。(佐賀県　ななしさん)

○雑種を3頭。何をするのも一蓮托生。一緒にいたずらをしては並んで怒られてうなだれています。(福島県　ゆかりさん)

○ネコと一緒に飼っていました。ネコが亡くなった時はずっと横に添い寝して温めていました。(広島県　村さん)

○アヒル。庭に出すと、いつも追いかけられています。(福岡県　まる犬さん)

Corgi Gallery

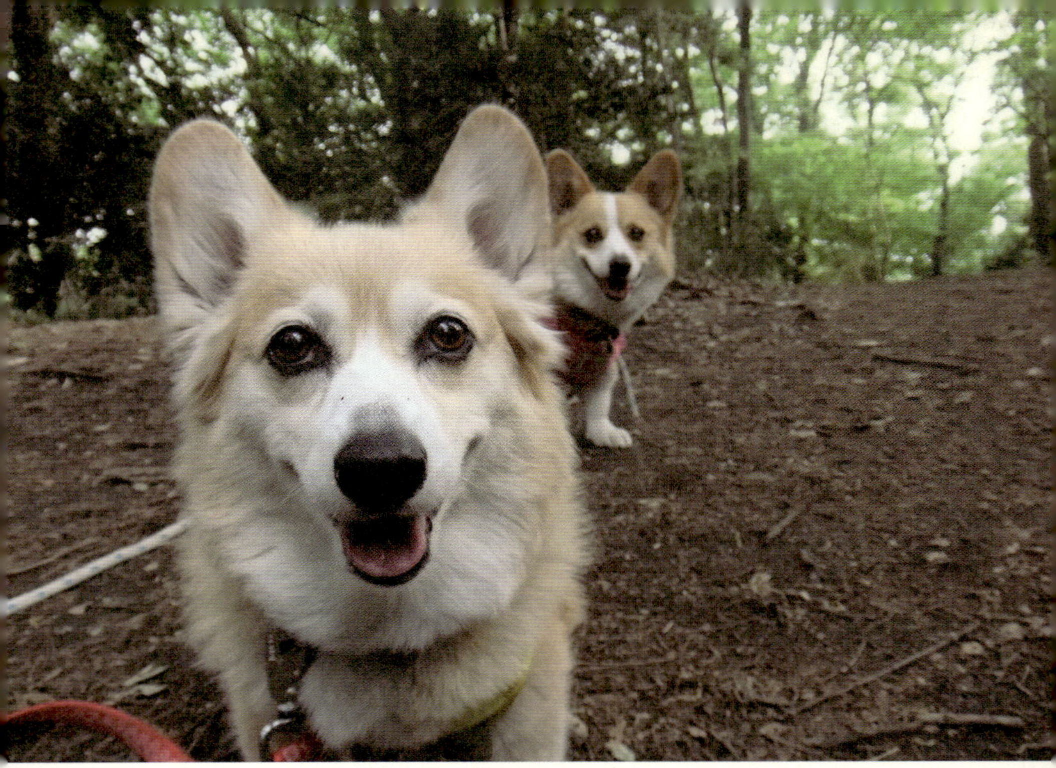

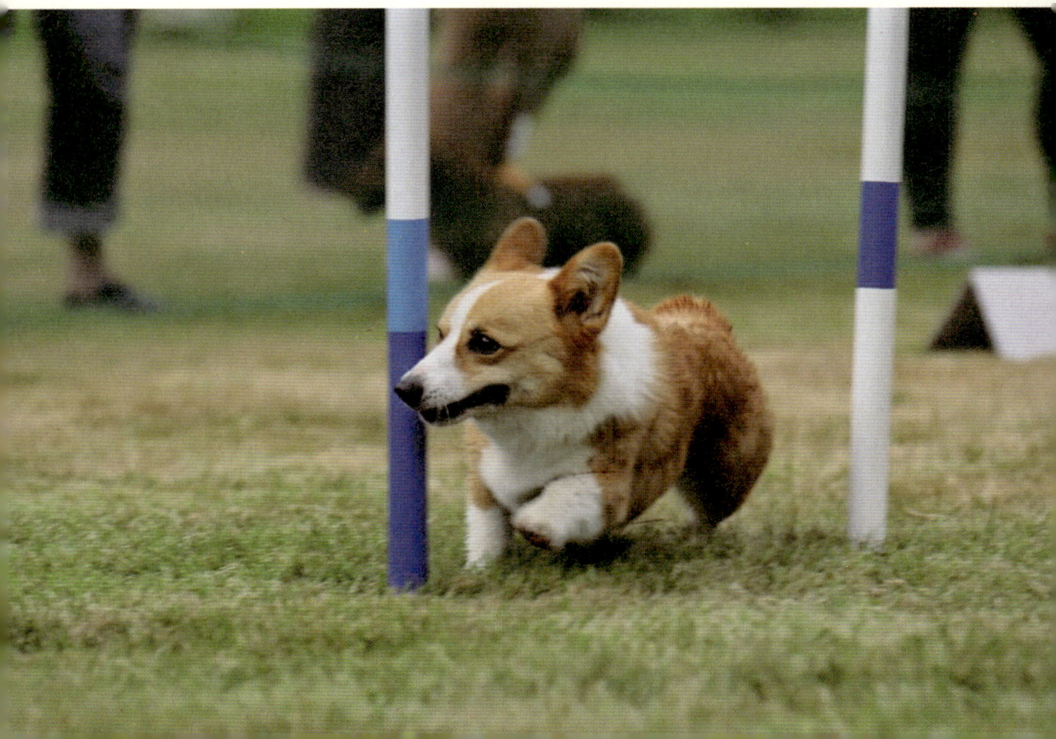

3

コギ様のごはん。

コーギーのオキテ

くれないのはわかっていても、
おねだりは一応してみる。

3 コギ様のごはん。

コギ様のごはん。

普段の食事に何を上げるかは飼い主にとっても、いろいろと考えてしまうもの。ドッグフードだけでいいのか、それとも手作りしてあげるべきなのか、健康な状態であっても悩むものです。ましてや、病気を抱えていたり、高齢になってきたりすると、ますます悩みは深まります。ということで、コギ様のご飯について、いろいろと聞いてみました。まずはドッグフードか、手作りごはんかというところから。

コーギー式DATA 28

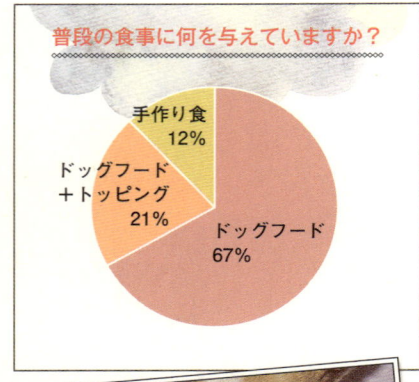

普段の食事に何を与えていますか？

- 手作り食 12%
- ドッグフード＋トッピング 21%
- ドッグフード 67%

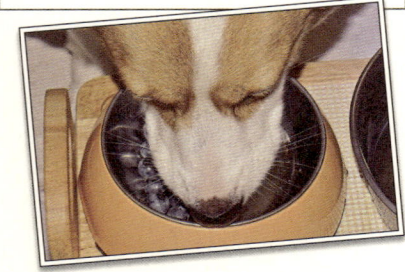

コギ飼いの鉄則 ｜ 薬を飲ませる時の偽装は入念に。

飼い主しか知らないコーギーとの暮らし、55の裏事情。

> **みんなの
> コギ式
> アンケート**
>
> ### 普段の食事に何を与えていますか？
>
> ○腎臓が悪いので腎臓サポート用のフード。（茨城県　大コーギーさん）
>
> ○すぐに太るので、おからや野菜をトッピングしたフードを与えています。
> 　（鹿児島県　立ち耳さん）
>
> ○成犬になってからはずっと同じフード。（群馬県　鼻黒さん）
>
> ○アレルギーを持っているので、ジャガイモやオートミールをベースにした手作り食です。
> 　（石川県　朝顔さん）
>
> ○朝はドッグフードのみ。夜はフードにちょっとトッピング。（千葉県　佐藤さん）
>
> ○馬肉の生食を中心にしています。（東京都　増田さん）
>
> ○シニアになってから手作り食中心にしました。（東京都　りんごさん）
>
> ○栄養バランスを考えるとやはりドッグフードです。（神奈川県　サラミさん）

3 コギ様のごはん。

フードの選び方。

コーギー式DATA 29

ドッグフードを選ぶ際の基準ってありますか？ 値段はもちろん、成分やカロリー、入手のしやすさなども気になりますよね。特に最近ではいろいろなフードあるだけに、選ぶのも大変です。ということで、コギ飼いの皆さんがフードを選ぶ際の基準を教えていただきました。

食べていいの？

> みんなの
> コギ式
> アンケート

フードを選ぶときの基準は何ですか？

○ お医者さんから言われて（神奈川県　mukugiさん）

○ 国産かどうか。メーカー。（兵庫県　はむちゅさん）

○ 成分と安全性。（神奈川県　にゃんさん）

○ カロリー。普通のライトフードでは太ってしまうので。（千葉県　猫柳さん）

○ 無添加のものを選んでいます。（大阪府　村井さん）

○ 頭数が多いので、ブリーダーズパックがある銘柄。（静岡県　とと豆さん）

○ アレルギー持ちなので、アレルゲンになるものが入っていないフード。（兵庫県　桃さん）

○ 試しに1週間くらい食べさせてみて、便や体調を見て決めます。（東京都　江古田犬さん）

○ 骨補強、体重管理、病気治療など、それぞれの犬の体調に合わせている。（東京都　桝谷さん）

○ 原材料、粗タンパク質の量、使用防腐剤、香料など。（神奈川県　もるままさん）

コギ様のルール

眠くても食べ物の気配がする時は起きておくこと。

3 コギ様のごはん。

コギ式手作りごはん。

アンケート結果を見ると、トッピングも含めて、何らかの手作り食を与えている人は意外に多いのが判ります。そこで、どんな手作り食やトッピングを作っているのか、ちょっと覗いてみたいと思います。普段、手作りはハードルが高いという方も、普段から作っているけどメニューがマンネリ、という方もぜひ、チェックしてみてください。

| コギ飼いの鉄則 | 病院に行く時は、いかに悟らせないかが重要。

| コーギー式DATA 30 |

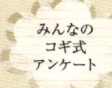

みんなのコギ式アンケート　手作り食について、どんなご飯か教えてください？

○ ドライフードにキャベツなどの葉物野菜にサツマイモやカボチャ等の根菜と鳥の胸肉を蒸したものをトッピングしています。（茨城県　馬場さん）

○ キャベツなどの野菜とご飯、それに鶏のミンチを加えて雑炊状態の物を作り、小分けにして冷凍保存。（神奈川県　ソラマメさん）

○ オカラに卵、レバー、細かく叩いた鶏の軟骨、小松菜などを混ぜて炒り煮にしています。普段の食事に大さじ1杯ずつくらいトッピングしています。（山形県　みはるさん）

○ 豚レバーと蒸したジャガイモを混ぜたマッシュポテト。食欲が落ちた時のカンフル剤としてたまに与えています。（愛知県　野々村さん）

○ 鶏ガラのスープにオカラと野菜、サツマイモと砂肝をいれたもの。季節によってカボチャなどを入れたり、細かく刻んだキノコなどを入れることも。（長野県　森さん）

○ 馬肉や羊肉を水煮にして、そこにジャガイモやご飯、ソーメンなどを加えて煮込んだものを週末にまとめて作って冷凍しています。（東京都　ともママさん）

○ 鶏スープで軽く茹でた野菜をトッピングしています。（熊本県　山田さん）

3 コギ様のごはん。

コギ様はおやつがお好き。

食べるのが大好きなコーギーの場合、オヤツは欠かせないという飼い主さんは多いはず。しつけやトレーニングのご褒美として、オヤツをあげている方も多いのではないでしょうか？ とはいえ、体重増加の大きな原因になったりもするオヤツ、皆さんどのようなものを与えているのでしょうか？ コギ様のオヤツ事情を覗いてみたいと思います。

もちろんくれるよね

飼い主しか知らないコーギーとの暮らし、55の裏事情。

コーギー式DATA 31

オヤツを与えていますか？

- 与えていない 38%
- 与えている 62%

ちょっとなめるだけ…

コギ様のルール
知らない犬のそばを通る時は見えないふり。

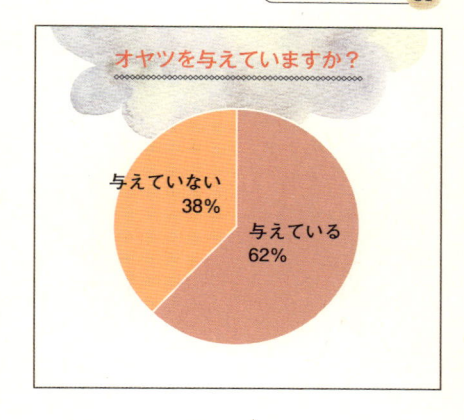

みんなのコギ式アンケート

手作り食について、どんなご飯か教えてください？

○ 手作りの砂肝ジャーキーを時々あげています。（長野県　むろやさん）

○ 太るのでオヤツは厳禁。家族中に禁止令を出しています。（東京都　ともママさん）

○ ダイエット中なので与えたくないのですが、要求吠えが激しくなるので、時々生野菜を食べさせています。（山口県　みちおさん）

○ 手作りのパン、クッキー、ゆでた肉類、ゆでた芋類。（神奈川県　はむちゅさん）

○ 薄ーい鶏スープを寒天で固めたもの。夏場はスープを凍らせたものを1、2個。（広島県　右の手さん）

○ ヘンなものをあげたくなくて、果物をあげています。バナナや梨など。意外に太ります。（東京都　みのむしさん）

○ 1日のフードの中から一部を抜いて、オヤツとして与えています。（福岡県　モスラさん）

○ ゲンコツ（大きな骨）を茹でたもの。ガジガジ齧って髄の部分を食べてます。2カ月に1回くらい食べさせています。（福岡県　中村さん）

3 コギ様のごはん。

ダイエットのお話。

コーギー式DATA 32

食べ物の話題の最後はダイエットです。食欲旺盛なコーギーが多いからか、それともついつい飼い主さんが食べさせてしまうからか、ふくよかなコーギーが多いような気もします。かく言う我が家のコーギーも太りすぎで散歩のたびに近所の人に「痩せないね」と心配されています。ということで、ダイエットについてコギ飼いの皆様に伺いました。

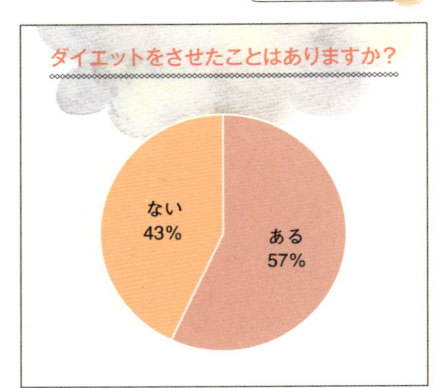

ダイエットをさせたことはありますか？

ない 43%
ある 57%

飼い主しか知らないコーギーとの暮らし、55の裏事情。

えっ?
ふっくらしてる?

コーギー式DATA 33

**みんなの
コギ式
アンケート**　**おすすめのダイエット方法は？**

○オヤツをあげない。これに尽きます。(長崎県　どんぐりさん)

○フードをオカラで水増し。(京都府　斉藤さん)

○オカラダイエット。(広島県　愛瑠ママさん)

○少しだけ牛乳を入れた寒天を作ってオヤツにしています。(神奈川県　内藤さん)

○オヤツは鶏ガラスープにしています。栄養はあるし、あまり太らないので安心です。
　(北海道　鈴木さん)

○フードを小分けにして、あげる回数を増やして、全体の量は減らす。(東京都　村山さん)

○成犬になってからは、最初から太らせないようにライトフードをあげています。ダイエッ
　トさせるのは難しいので。(福岡県　巨大コギさん)

ヒロ（東京都　ヒロパパさん）

coco（東京都　高木さん）

Corgi Gallery

クーリック、サーシャ、スワン
（兵庫県　みおんさん）

さくら（沖縄県　のりてんさん）

Jade、ラファエル、きゃろる、キャリー
（akikoaさん）

飼い主しか知らないコーギーとの暮らし、55の裏事情。

夾漣（千葉県　山田さん）

咲く（神奈川県　平田さん）

ニッキー（埼玉県　佐藤さん）

ソラ（静岡県　佐野さん）

もも（茨城県　根本さん）

ラッキー（福岡県　ラッちゃんさん）

ののこ（神奈川県　こぎろうさん）

クッキー（神奈川県　小澤さん）

Corgi Gallery

タビー（東京都　メープルさん）

虎太郎（東京都　田中さん）

アニー（神奈川県　ヒロタさん）

飼い主しか知らないコーギーとの暮らし、55の裏事情。

Corgi Gallery

りゅう（兵庫県　清水さん）

くるみ、みるく
（神奈川県　くるみるくママさん）

チャースケ、コタロー、シズちゃん、クロベエ（チャコタマママさん）

チュチュ（千葉県　ゆりさん）

コーギー（神奈川県　ローガンさん）

④

コギ様の家計簿。

コーギーのオキテ

ご褒美には常に
スマイルで応える。

4 コギ様の家計簿。

コギ様の食費。

コーギー式DATA 34

　この章ではコギ飼いのみなさんの家計簿事情を覗いてみたいと思います。まずはコーギーの毎月の食費から見ていきましょう。今回アンケートに答えていただいたコギ飼いの皆さんが毎月コーギーの食費に費やす金額は平均で7300円。ちなみにこの数字は飼育頭数に関係なく、今回アンケートに参加していただいたコギ飼いさん1軒あたりの金額です。

コーギーの食費は1ヶ月でどのくらい？

平均
7,300円

おなか減った...

コギ飼いの鉄則　｜　トレーニング中、先読みされても落ち込まない。

飼い主しか知らないコーギーとの暮らし、55の裏事情。

4 コギ様の家計簿。

コギ様の病院代。

コーギー式DATA 35

続いてはコーギーにかかる年間の医療費について。健康なコーギーの場合でも、予防接種やフィラリア予防など、医療費はかかります。また、定期的に健康診断に行っているご家庭も多いのではないでしょうか。今回アンケートに答えていただいたコギ飼いさんたちの年間の医療費の平均は64,000円。もちろん、病気の有無によっても異なりますが、月あたり5000円程度というのは意外と安いかな、というのが個人的な印象ですが、いかがですか？

コーギーにかかる医療費は年間どのくらい？

平均
64,000円

4 コギ様の家計簿。

コギ様の大出費。

コーギー式DATA 36

コーギーに限らず、動物を飼っていると、予想外の出費というのはつきものです。そこで、これまでにコーギーを飼っていて発生した大出費についても伺ってみました。事故や病気はどんなに気をつけていても起こる時は起こるものです。とはいえ、極力大きな事故や病気は避けたいものですよね。

これまで出費は？？

平均**8**万**5**千円
（最高額200万円）

> 飼い主しか知らないコーギーとの暮らし、55の裏事情。

みんなのコギ式アンケート
これまでで一番大きな出費は？

○ 不妊手術。3万円程度。（東京都　石神さん）

○ 腸閉塞の手術と入院で10万円。（神奈川県　BAKUさん）

○ 交通事故で骨折した時の治療費。10万円くらいかかりました。（熊本県　みさとさん）

○ 生後4ヶ月の時に何かを誤飲してしまい、その検査で25000円。
　（神奈川県　あいはらファミリーさん）

○ 梅干しの種が腸に詰まって手術。15万円でした。（東京都　みしまさん）

○ 壁に穴を開けて、その補修費。5万円くらい。（埼玉県　コギすけさん）

○ 4ヶ月前から通っているマナー教室。20万円くらい。（兵庫県　はむちゅさん）

○ 散歩中に近所の犬に咬まれた時の治療費が5万円くらいかかりました。
　（広島県　ひでろーさん）

○ 犬同士のケンカを止めようとして咬まれた時の治療費。3万円くらい。
　（福岡県　まさるさん）

○ 肉芽腫性脳炎にかかった時の医療費。50万円くらい。（神奈川県　もるままさん）

コギ様のルール
オヤツをくれる人はいい人。

♣ Corgi Gallery

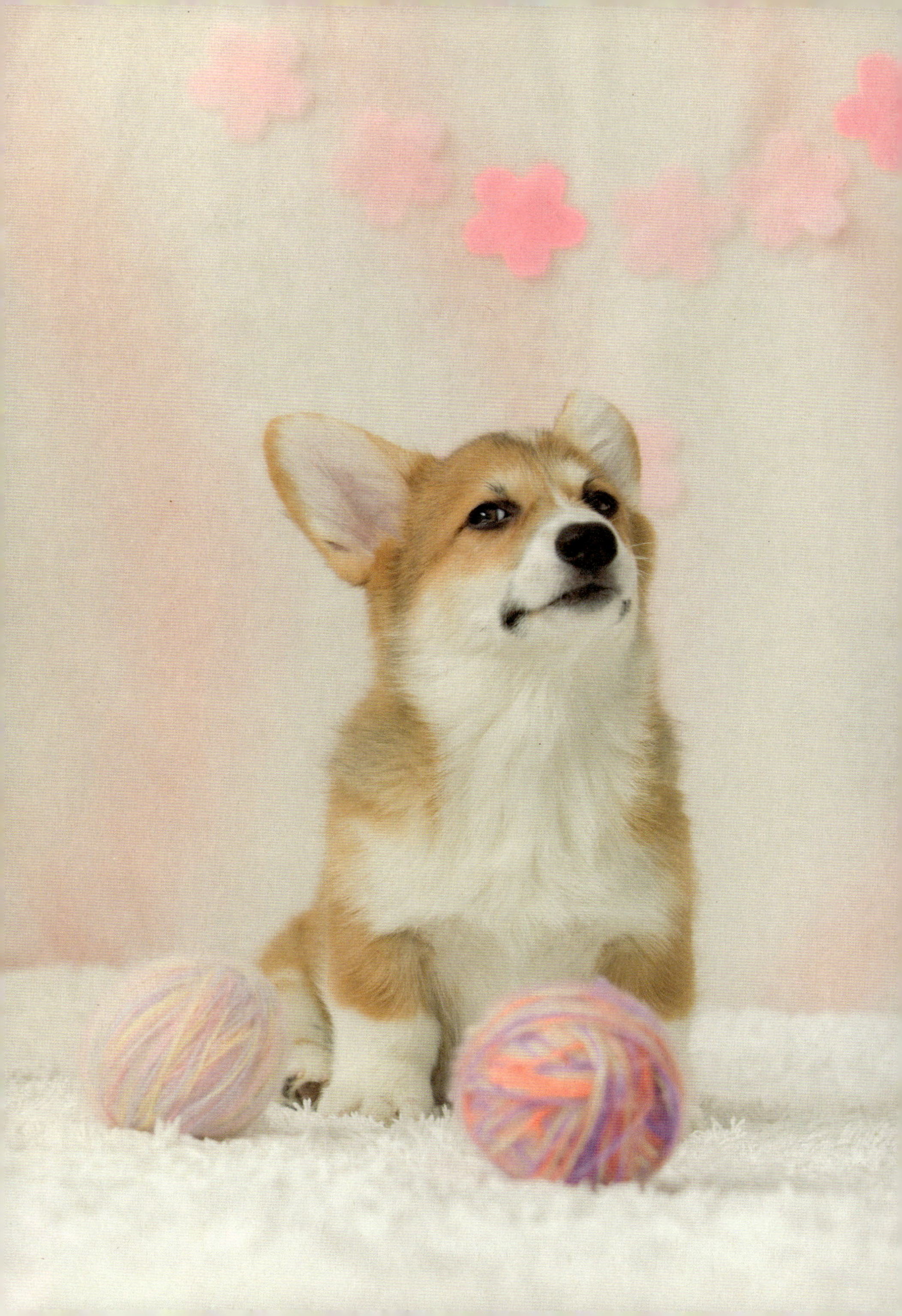

Column

コーギーの後ろ姿。

　ぷりぷりのお尻を振りながら歩くコーギーの後ろ姿は見ているだけでも心が和みますよね。散歩中などに思わず眺めてしまう、という方も多いのではないでしょうか。でも、このコーギーの素敵な後姿を眺めることが、病気の発見につながることもあります。コーギーの場合、他の足の短い犬種と同様に、椎間板ヘルニアや股関節の形成不全など、足や腰のトラブルは往々にして起こります。そしてこれらの足腰のトラブルは歩く姿の変化として現れることが多いのです。

　腰や股関節に問題があると、ふらついたり、ちょっとした段差で躓いたり、歩くときに後ろから見ると腰がローリングするように動いたりします。また、立っている時に左右で腰の高さが違ったりする場合もあります。

コーギー式DATA 37

　コーギーによっては我慢強いコもいます。足や腰に異常があっても、あまり痛いそぶりを見せないこともあります。ですから、散歩中、時々ちょっと後ろから歩く姿を眺めて、違和感がないかチェックしてあげましょう。そして、何かおかしいと感じたら、動物病院で一度見てもらうと安心です。足や腰の病気はひどくなると歩けなくなったり、呼吸などにも影響を及ぼすようになる可能性もあります。まずは早めに兆候を見つけてあげることが大切です。そのためにも、たまに1歩下がって、ぷりぷりのお尻を観察。これが大切なのです。

5

コギ様の健康。

コーギーのオキテ

{ 病院方向への
散歩の日は危険。 }

5 コギ様の健康。

コギ様と病院。

コーギー式DATA 38

最近、動物病院へ行ったのはいつですか？ コギ様の体調が良いとなかなか病院へは足を向けないかもしれませんが、定期的に健康チェックをしてもらっておくことも大切です。ということで、まずはコギ飼いの皆さんに普段どのくらいのペースで動物病院へ行っているのか、伺ってみました。

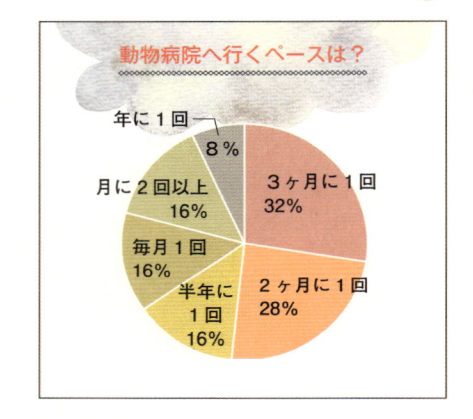

動物病院へ行くペースは？

- 3ヶ月に1回 32%
- 2ヶ月に1回 28%
- 半年に1回 16%
- 毎月1回 16%
- 月に2回以上 16%
- 年に1回 8%

魚とれるかな……

カニがいいな

コギ飼いの鉄則 │ 実はあんまり番犬としては役に立たない。

飼い主しか知らないコーギーとの暮らし、55の裏事情。

| みんなの
コギ式
アンケート | 動物病院へ行くペースは？ |

○足の関節が悪いので、2ヶ月に1度は状態を見てもらいにいっています。
（群馬県　温泉犬さん）

○月に一度は必ず。（神奈川県　mukugiさん）

○緊急時のみと各種予防注射（狂犬病は市役所指定の日に自宅近くの巡回の獣医師）。
（神奈川県　平田さん）

○10歳を過ぎてからは月に一度診てもらっています。（愛媛県　ひろすけさん）

○腎臓が悪いので療法食をもらうついでに毎月診てもらう。（愛知県　ももんが母さん）

○半年に1回、ボーナスが出た月に健康診断と決めています。（東京都　ともママさん）

○予防接種以外は行ったことが無いです。（栃木県　くるみさん）

5 コギ様の健康。

コギ様と予防接種。

狂犬病の予防接種はもちろん犬を飼う以上、飼い主さんの義務ですが、混合ワクチンはどのくらいの方が受けているのでしょうか？ 予防接種で避けられる病気ならば、接種しておくことにしたことはありません。とはいえ、例えば複数飼育の場合など、まとめて接種ということになると、結構な金額になったりもします。また、予防接種の副作用も気になる、という方もいるのではないでしょうか。ちなみに今回のアンケートでは以下のような結果となりました。

コーギー式DATA 39

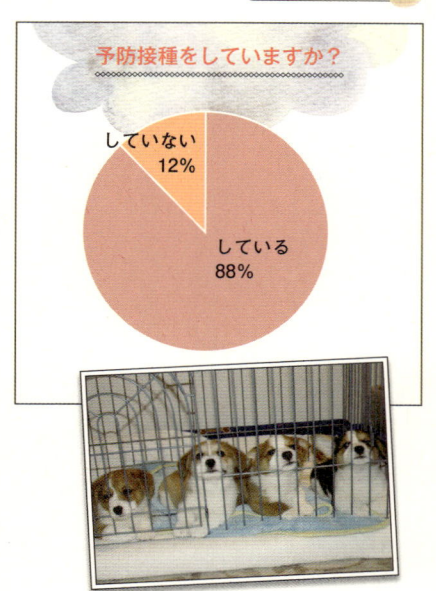

予防接種をしていますか？

していない 12%
している 88%

こちらから
チクっと行ってくる

5 コギ様の健康。

ノミ、ダニ、コギ様。

コーギー式DATA 40

続いてはノミダニ予防の話。ノミダニの予防やフィラリアの予防は経口薬やスポットタイプ等手軽に出来るものが増えて来たので、飼い主的にはとても便利になってきました。とはいえ、室内飼育だと、必要性をあまり感じない、という方も少なくありません。ただ、ノミは一度感染すると、完全に撲滅するのは意外に厄介なだけでなく、いろいろな病気も媒介することがあります。さて、ノミダニの予防率はどのくらいなのでしょうか。

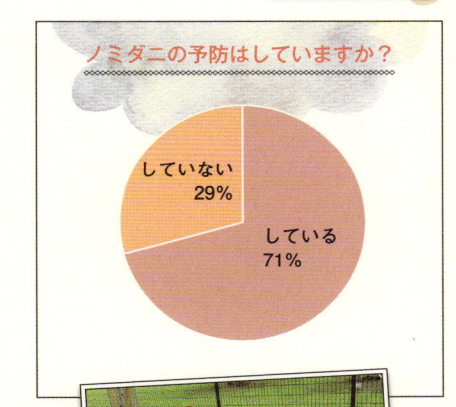

ノミダニの予防はしていますか？

していない 29%
している 71%

コギ様のルール　熱い食べ物にはとりあえず吠えてみる。

あげないよ〜

5 コギ様の健康。

コギ様の歯磨き。

コーギー式DATA 41

犬の歯磨きって、していますか？
ウチのコギ様は歯磨き絶対拒否の姿勢を崩しません。それはさておき、歯がダメになると体にさまざまな影響が出るのは人も犬も同じです。とはいえ、子犬の頃から習慣にしておかないと、なかなか歯磨きを覚えさせるのも大変ですよね。ということで今回はどのくらいの方がコギの歯磨きをしているのか、伺ってみました。

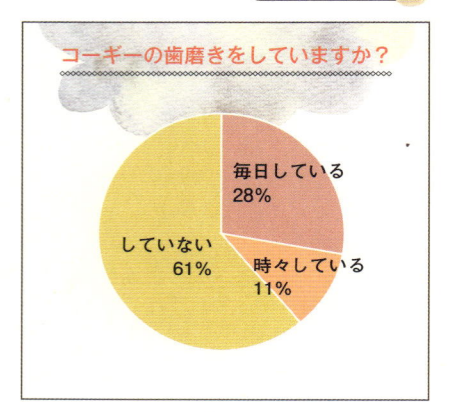

コーギーの歯磨きをしていますか？

- 毎日している 28%
- 時々している 11%
- していない 61%

5 コギ様の健康。

コギ様の不妊去勢。

コーギー式DATA 42

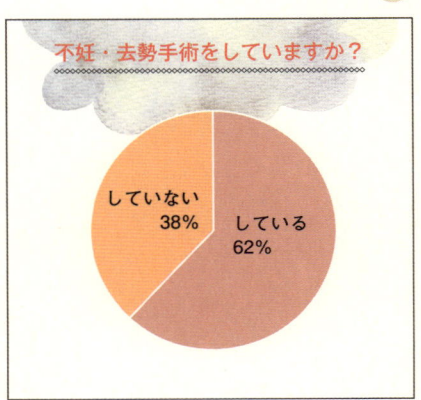

不妊や去勢は以前と比べて行っている飼い主さんが増えてきた印象がありますが、やっぱりちょっと抵抗がある、という人も多いですよね。手術後に性格が変わる、というような話を聞くこともありますし、何より健康な体にメスを入れるのは、という人もいらっしゃるのかもしれません。病気のリスクを考えると、繁殖させないのであれば、不妊手術、去勢手術をしたほうが良いのでしょうが、なかなか難しい問題です。

不妊・去勢手術をしていますか？
- している 62%
- していない 38%

5 コギ様の健康。

気になる病気。

ちょっとシビアな話になりますが、コーギーに起こりやすい病気、というものは存在します。たとえば、椎間板ヘルニアは足が短く胴の長い犬種である以上、十分起こりうる病気ですし、股関節の形成不全もよく聞かれる病気です。

ただ、実際に飼ってみないと、その犬種で起こりやすい病気、気を付けたい病気の情報ってなかなか入ってこないですよね。ということで、今回はコギ飼いの皆さんが普段どんな病気を意識しているのか、リアルなところを伺ってみました。

よっと♪

飼い主しか知らないコーギーとの暮らし、55の裏事情。

コーギー式DATA 43

みんなのコギ式アンケート　気になる病気、気を付けている病気はありますか？

○高血圧、蛋白尿、虫歯。（神奈川県 mukugiさん）

○前十字靭帯断裂、股関節の疾患、ヘルニア、DM。（北海道　ゆうきさん）

○変性性脊髄症（DM）。（東京都　ともママさん）

○変性性脊髄症（DM）、ヘルニア、膀胱炎。（兵庫県　みおんさん）

○みるくは、肩関節が弱いので、足には気をつけます。（神奈川県　くるみるくママさん）

○尿道結石。（兵庫県　sakbさん）

○太りすぎないように気を付けています。（埼玉県　まじょるかさん）

○関節関係は気になります。（神奈川県　BAKUさん）

○椎間板ヘルニア、膵炎、泌尿器系の病気。（東京都　桝谷さん）

○ヘルニア、DM、歯槽膿漏。（千葉県　ゆりさん）

○DM。遺伝子検査をしたらキャリア判定だったので怖い。（福島県　まにさん）

5 コギ様の健康。
コギ様の持病。

もちろん、病気にならないのが一番よいのですが、コーギーも生き物である以上、病気は避けることはできません。ここでは今現在抱えている病気について、コギ飼いさんたちに伺いました。

コギ飼いの鉄則 ｜ 甘えてきてもオヤツは我慢。

コーギー式DATA 44

みんなのコギ式アンケート　どんな持病がありますか？

○ 肥満。(福岡県　モモさん)

○ ストルバイト結晶。(静岡県　佐野さん)

○ 病気じゃないけど、劣勢遺伝で片目青いです。(福岡県ckさん)

○ 蛋白尿。(神奈川県　mukugiさん)

○ 病気ではないですが水晶体核硬化症と診断されています。(兵庫県はむちゅさん)

○ DM、慢性腎不全。(大阪府　山口さん)

○ 発症したばかりですが、DMだと診断されました。(群馬県　犬キモさん)

○ 小さい時からおなかが弱いことと尿結石。(東京都　うめももパパさん)

○ 病気ではないですが、異物を食べての腸閉塞を3回。ある意味異物を食べる病気？(埼玉県　ももさん)

○ 股関節形成不全。ぐにゃぐにゃ歩きます。(東京都　めめママさん)

○ 保護した犬が腎臓と肝臓の病気です。(東京都　田中さん)

○ ヘルニアと股関節形成不全と膝蓋骨がゆるゆるです。(東京都　ともママさん)

○ 肉芽腫性脳炎3歳の時にかかりました　再発はしていませんが神経系が弱いです。(神奈川県　もるままさん)

病院は
行かないからね

5 コギ様の健康。

病院に行くタイミング。

コギ様の具合が悪い時、もちろん具合がとても悪そうな場合にはすぐに病院に連れて行くのは当たり前。とはいえ、なんとなく元気がない、とか下痢気味、といった状態の時って病院に連れて行くかどうか悩むことってありますよね。ということで、コギ飼いのみなさんに、動物病院に行くタイミングをうかがってみました。

コーギー式DATA 45

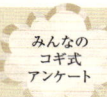

みんなのコギ式アンケート
病院に行くタイミングを教えてください？

○いつもと何か違う時は、すぐに病院へ行く。(兵庫県　はむちゅさん)

○1日。(兵庫県　清水さん)

○例えば嘔吐なら、24時間くらい様子をみます。(神奈川県　BAKUさん)

○動ける時は数時間様子を見てすぐに。忙しい場合でも長くて1日。(大分県　吉四六さん)

○様子にもよりますがだいたい2日くらい。(神奈川県　ヒロタさん)

○1〜2日。(神奈川県　ローガンさん)

○1日様子を見て、大丈夫そうなら週末まで待ってもらいます。(熊本県　吉本さん)

○夜中の場合は様子をみて翌朝。それ以外はすぐに。(長野県　村西さん)

○下痢・嘔吐の場合は1日。食欲がない時や排せつ障害関係の時は即日。
　(東京都　鳥飼ですさん)

○いつもすぐ連れて行き、大げさだと獣医さんに叱られています。(滋賀県　紫いもさん)

○症状によって判断するので、なんともいえない。(長崎県　栗林さん)

5 コギ様の健康。

コギ様の入院。

コーギー式DATA 46

　これまでコギ様の病気について見てきましたが、入院経験も伺ってみました。犬の場合、病気やケガでの入院以外にも、不妊・去勢手術で入院する場合もあります。ただ、最近では人間と同様に、犬の入院も昔と比べるとその期間が短くなっている傾向があります。実際のところはどうなのか、アンケートで伺いました。

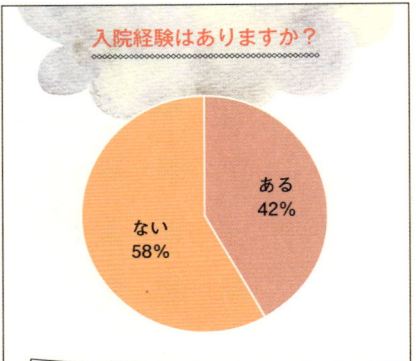

入院経験はありますか？

- ある 42%
- ない 58%

みんなのコギ式アンケート　入院経験について教えてください

○不妊手術で4日間。（東京都　森山さん）

○急に食べなくなり、病院に連れて行くと腸閉塞で即手術。1週間でした。
　（東京都　ともママさん）

○体調を崩して3日間検査入院。結局原因はわかりませんでしたが。（京都府　丸山さん）

○皮膚に出来たガンの手術で5日間入院。（宮城県　正木さん）

○発作を起こして入院。状態が落ち着くまで3週間かかりました。（富山県　海犬さん）

5 コギ様の健康。

コギ様の保険。

コーギー式DATA 47

病院で会計を待っている時に、「保険に入っておけば良かった」と思ったことありませんか？ 普段、元気な時にはそんなに必要性を感じないペット保険ですが、大きな手術や治療に時間のかかる病気などの時は「保険に入っていれば」と後悔しちゃいますよね。でも、実際のところペット保険はどのくらいの人が利用しているのでしょうか？ ペット保険の利用について伺ってみました。

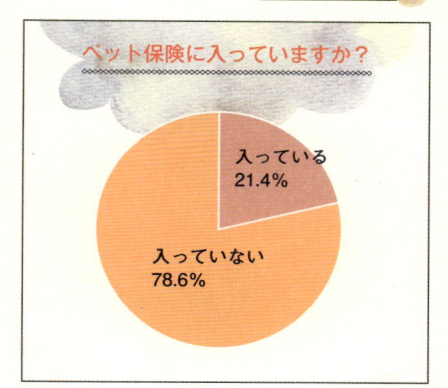

ペット保険に入っていますか？
入っている 21.4%
入っていない 78.6%

みんなのコギ式アンケート
ペット保険、使っていますか？

○子犬を購入した時に合わせて入りました。でも、一度も使っていません。
（埼玉県　加藤さん）

○7歳になるまで使ったことはなかったのですが、異物を食べて開腹手術になり、初めて利用。助かりました。（北海道　佐々木さん）

○保険によるのでしょうが、年間に使える額が決まっていて、それをオーバーした時はきつかったです。（福岡県　ノミみっけさん）

あっ食べものの匂い

5 コギ様の健康。

シニアなコギ様の変化。

コーギー式DATA 48

若くて元気なコギ様たちも、いつかは年をとっていきます。でも以前と比べて獣医医療が発展してきた今では15歳以上の超高齢まで長生きしてくれるコギ様も増えてきています。高齢になれば、もちろん、若いころのような元気はなくなってくるのですが、他にはどんな変化があるのでしょうか？ リアルなコギ様のシニアライフについてコギ飼いの皆さんに伺ってみました。

シニアになったな、と感じるのは何歳から？

- 14歳 3%
- 10歳 32%
- 8歳 27%
- 9歳 11%
- 12歳 8%
- 15歳以上 6%
- 7歳 5%
- 13歳 5%
- 6歳 3%

飼い主しか知らないコーギーとの暮らし、55の裏事情。

コーギー式DATA 49

**みんなの
コギ式
アンケート**

年をとってから、変わったのはどんなこと？

○散歩の距離は徐々に減っていたような気がします。（神奈川県　BAKUさん）

○寝ている時間が増えた。食欲は全く変わらない。（兵庫県　はむちゅさん）

○性格が丸くなった気がします。（愛知県　もーむさん）

○歩くのがゆっくりになった。（東京都　桝谷さん）

○もともとおだやかだったが、本当におとなしくなった。動くのは食事の時間だけ。
　（神奈川県　ヒロタさん）

○心が狭くなった。（千葉県　山田さん）

○甘ったれになった気がします。（群馬県　林さん）

○耳が聞こえにくくなってから、よく寝るようになり、毎朝、起こさないといけなくなった。
　（兵庫県　みおんさん）

○食事に時間がかかるようになった。もそもそ食べています。（東京都　マークスさん）

○プリプリのお尻が痩せて小さくなった。（熊本県　渡辺さん）

コギ様のルール

敵に後ろは見せない。逃げる時も吠えながら遠ざかる。

5 コギ様の健康。

シニア生活のコツとポイント。

コギ様が年を取ってきたら、どんなことに気を付けてあげるとよいのでしょうか。実際にシニアなコーギーを飼っているコギ飼いさんたちに、気を付けていることなどを伺ってみました。

コーギー式DATA 50

みんなのコギ式アンケート シニアになって気を付けていることはなんですか？

- サプリメントやおやつ、ドッグフードなど口にするもの。(和歌山県　はろうぃんさん)
- 腰に負担をかけないようにしています。(北海道　HALUママさん)
- 無理な運動はさせない、室内の段差をなくすよう工夫。(神奈川県　小澤さん)
- お散歩が以前からゆっくりだったが、更にゆっくりになったので、無理させない。(神奈川県　くるみるくママさん)
- 色々な病気と足腰。(広島県　ぱん君母さん)
- 以前のようなボール遊びや段差による足腰への負担は気を付けています。(茨城県　馬場さん)
- 今まで以上に室温をなるべく快適にしてあげるように心掛けています。(福岡県　ラッちゃんさん)
- なるべく、良質なタンパク質をとれるような食事にしています。(東京都　こぎこぎさん)
- 暑さ、寒さに気を配る。(大阪府　山口さん)
- 出来るだけストレスを感じないような環境づくり。(埼玉県　佐々木さん)
- 体に負担がかかりすぎない範囲で、いろいろなところに連れて行っています。(東京都　もすさん)
- 出来るだけ一緒にいることのできる時間を増やしています。(東京都　ともママさん)
- DMを発症したので、日々の変化に注意して、少しでも楽な環境になるように心がけています。(千葉県　ムサシさん)
- 散歩の時間を短くして、回数を増やしました。(埼玉県　澤井さん)
- 人がいないと寂しがるので、生活スペースを変更。寝室にも出入りできるようにしました。(東京都　小原さん)

5 コギ様の健康。

コギ様の介護。

最後に介護の話を聞いてみたいと思います。年を取った場合に限らず、ヘルニアや股関節の問題、DMといった原因で、ある日突然介護が必要になる場合もあります。そういったとき、何が一番大変になるのでしょうか。介護経験のあるコギ飼いの方々に伺いました。

コーギー式DATA 51

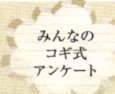

みんなの コギ式 アンケート　介護で一番大変なのはどんなこと？

○現在、足の麻痺が進んで排泄のコントロールが出来ない為、家じゅうおしっこだらけで身体の尿を頻繁に洗わないと皮膚が炎症を起こすし、散歩も車椅子なので、車で公園へ行かないといけない。（福岡県　ラッちゃんさん）

○排せつ問題。下半身に感覚がないので、ペットシーツとおむつが必要。かぶれ対策も。（千葉県　ムサシさん）

○以前飼っていたコーギーの時は夜泣き。身体が痛いのか寂しいのかわかりませんが、撫でて欲しくて夜に泣くので、家族の誰かしらが起きて寝つくまで撫でていました。（千葉県　ゆりさん）

○トイレの時の補助。足が短いので、支える時に腰が痛くなる。（兵庫県　みおんさん）

○おむつ替えです。（千葉県　清水さん）

Column

コーギーの気になる病気
～変性性脊随症

　変性性脊髄症（Degenerative Myelopathy 以下、DM）は犬や猫に見られる脊椎の病気で、脊椎の骨組織の一部がトゲ状の突起を形成してしまったり、ブリッジを形成してしまう病気です。この病気は１９７３年にジャーマン・シェパードでの発症が初めて報告され、ボクサー、ラブラドール・レトリーバー、シベリアン・ハスキーなどでの発症が報告されています。そして、ウェルシュ・コーギーでの発症頻度が高いといわれているのです。

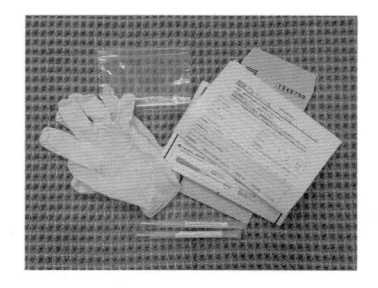

　コーギーの場合、10歳前後から症状が出てくると言われ、病気は前足と後ろ足の間あたりの脊髄から始まり、症状は後ろ足から出現します。病気が進行すると、病変は徐々に脊髄の前のほうへ広がっていき、前足にも同様な症状が現れ、さらに進行すると首の脊髄にも広がって、呼吸が困難になります。通常、これらの症状は３年くらいかかって進行するといわれています。

　DMの症状としては、まず、後ろ足を擦るようにして歩く。また、歩く時に腰がふらついたり、脚がもつれてしまうような歩き方をしたりします。これらは足先の感覚異常により、自分の足の位置がわからなくなっている結果として現れる症状です。ただ、コーギー等でも多く見られる椎間板ヘルニア等でも同様の症状があるため、DMかどうかは精密検査をしてもらうしかありません。ただ、いずれにせよ、こういった症状が見

コーギー式DATA 52

られる場合は、DMでなくてもヘルニアなどの場合も考えられるので至急、動物病院で精密検査してもらうほうがよいでしょう。

DMの原因についてはまだまだ不明な部分が多く、はっきりとした原因は解明されていません。しかし2008年にミズーリ大学の研究グループによって、DMを発症した多くの犬に遺伝子変異があると発表されました。現在のところ、変異したSOD1遺伝子をペアで持っているコーギーでは、DMを発症するリスクがあるということがわかっています。ただ、変異遺伝子を持った個体での発症の時期や確率についてはまだ不明です。

現在、この遺伝子変異を調べてくれる機関もいくつかできているので、症状が見られるコーギーを飼っている方、そして症状は無くても、今後繁殖を考えている方は一度かかりつけの獣医さんに相談してみるとよいのではないでしょうか。

アン（東京都　石神さん）

真緒（北海道　ゆうきさん）

🍀 Corgi Gallery

なしら（神奈川県　にゃんさん）

エリザベス（埼玉県　住吉さん）

さくら、かりん、くおん、まりん、れおん、ぷりん、こむぎ（茨城県　馬場さん）

飼い主しか知らないコーギーとの暮らし、55の裏事情。

まめ吉
（神奈川県　あいはらファミリーさん）

ムクムク（神奈川県　mukugiさん）

るき、める
（兵庫県　はむちゅさん）

シャビ、コテツ（千葉県　岩崎さん）

マロン（千葉県　マロンままさん）

VEGA、POLCA
（神奈川県　もるままさん）

ここあ（埼玉県　ここあといっしょさん）

藍利、ラッキー（福岡県　ｃｋさん）

🍀 Corgi Gallery

くるみ、詩音、花凛（東京都　桝谷さん）

ラック（大阪府　山口さん）

ルイ（宮城県　宮城のムネさん）

飼い主しか知らないコーギーとの暮らし、55の裏事情。

愛瑠、亜衣、愛実、瑠姫、竹千代、飛鳥、沙羅（広島県　愛瑠ママさん）

富士之介、小夏（神奈川県　しゃみおさん）

もも（東京都　うめももパパさん）

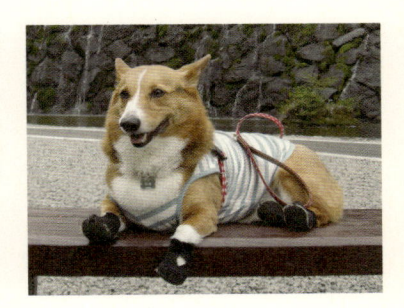

ぱん君（広島県　ぱん君母さん）

アルフォンス（和歌山県　はろうぃんさん）

HALU（北海道　HALUママさん）

6

コギ様は素敵。

コーギーのオキテ

{ 飼い主の動きは
すべてストーキング。 }

6 コギ様は素敵。

コギ様のチャームポイント。

さて、この章ではコギ様のファン、コギマニアとして、コーギーという犬について皆さんに存分に語ってもらいます。まずはコーギーのチャームポイントや皆さんの思うコーギーらしさから。皆さんコーギーのどんなところに魅力を感じているのでしょうか。

コーギー式DATA 53

みんなのコギ式アンケート

コーギーらしさってどんなところですか？

○表情豊かでひょうきんで賢いところ。（広島県　愛瑠ママさん）

○いつでも明るくて元気一杯。（千葉県　ゆりさん）

○人懐っこくて人の性格を良く見抜いている。（東京都　田中さん）

○堂々としているところ。自分の考えをもっているところ。（神奈川県　ヒロタさん）

○愛嬌があってフレンドリー。（兵庫県　みおんさん）

○人懐っこくって賢い、甘えん坊。ふざける時はお茶目でお調子者。
　（神奈川県　ローガンさん）

○賢い……でしょうか。（埼玉県　佐藤さん）

○胴長短足でぷりぷりしたお尻とスマイルです。（北海道　ゆうきさん）

○ルックスのかわいらしさと賢さ。（神奈川県　にゃんさん）

○常に飼い主をみて、従順なところ。なのに目を盗んでしっかりイタズラをするところ。
　（神奈川県　バクさん）

○活発で陽気で食いしん坊なところ。（埼玉県　ここあといっしょさん）

○短足なところ、毛が抜けるところ。（東京都　めーぷるさん）

○にっこりした笑顔とキュートな桃尻。お尻を振って歩く姿はかわいいのひとことです。
　（宮城県　宮城のムネさん）

○陽気な笑顔。（千葉県　岩崎さん）

6 コギ様は素敵。

語ってもらいました、コギ様を。

続いてはこれからコーギーを飼ってみようかな、という方に、コギ飼いの皆様からアドバイス。コギ様を実際に飼って、日々コギ様と暮らす方々のリアルな声をお聞きください。

起こさないでね

コギ飼いの鉄則 | 落とした食べ物は、すでに胃の中と思え。

コーギー式DATA 54

みんなのコギ式アンケート

これからコーギーを飼う方にひと言。

○かわいすぎるから甘やかさないように。あと、毛がたくさん抜けます。（東京都　石神さん）

○一度出会うとはまります。（神奈川県　こぎろうさん）

○コーギーはペットというより、よきパートナーです。（熊本県　チャコタマママさん）

○飼うのに覚悟がいる犬種。咬む、吠えるは当たり前。（神奈川県　小澤さん）

○パピーの頃は最初のしつけが大変だとおもいますが、必ず理解して覚えるので頑張ってください。成犬になると元気で走り回ったり楽しい毎日になります。
（広島県　ばん君母さん）

○コーギーは人に従順で癒しにもなる。家庭円満にもなる。（神奈川県　平田さん）

○とにかくパワフルで面白い犬種です。一緒の時間をたくさん作ってあげてください。
（和歌山県　はろうぃんさん）

○人懐っこく賢いです。毛はよく抜けるし、散歩はたくさん必要ですがそれ以上に癒しの存在になります。（神奈川県　しゃみおさん）

○根気よく言い聞かせると、頭が良いので何でも理解してくれます。（茨城県　根本さん）

○家の空気、家族の距離を読み取り折り合いを付けて自分の居場所を作り笑顔で生活を送るおりこうさんです。老犬になって病気になっても、「生きてることは楽しいよ」と感じさせる表情を見せてくれます。幼犬時代に戻ったと思い最後まで責任を持って飼ってくださいね。（大阪府　山口さん）

○その子その子によって性格は全然違いますが、基本的にとても頭の良い犬で、犬らしい犬だと思います。お行儀よく育てればとても大きな癒しとなりますが、元気な犬なので、思いっきりは知ったりストレスを試させないことが大切だと思います。
（東京都　田中さん）

次もやっぱり？

6 コギ様は素敵。

コーギー式DATA 55

最後にちょっと意地悪な質問です。コーギーを飼ってみて、次に飼うとしたら、またコーギーを選ぶのでしょうか？それとも次は他の犬種にしてみたいと思うのでしょうか。こんな意地悪な質問にコギ飼いの皆さんの答えは……。

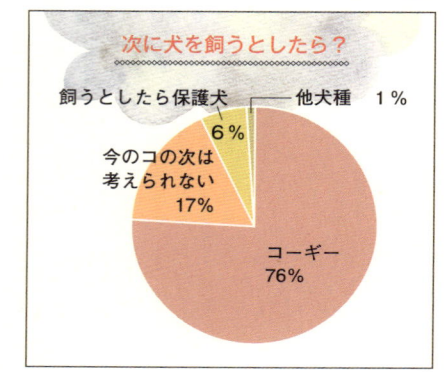

次に犬を飼うとしたら？

- 飼うとしたら保護犬 6%
- 他犬種 1%
- 今のコの次は考えられない 17%
- コーギー 76%

♣ Corgi Gallery

Corgi Gallery

おわりに

　初めてコーギーという犬種を知ったのは、小学生の頃、犬の図鑑を読んでいた時です。その立ち耳で短足、という不思議な姿を見て、「これはダックスと柴の雑種に違いない」と確信していました。その頃、家にはダックスフンドと柴犬がいました。
　冗談はさておきそれから数十年が経って、ひょんなことからコーギーを預かることになり、そのまま居ついてもうだいぶ経ちます。改めて飼ってみて、いろいろなことに驚かされる犬種です。牧畜犬だからなのか、物覚えの良さ、そして、理解するとそこから先回りして考える賢さには日々驚かされます。そして、テンションが上がった時のうれしそうなスマイルは本当に楽しそうなゴキゲンな表情で、テンションが下がるとふてくされた表情を見せ、つくづく表情豊かで奥の深い犬種なんだなと改めて認識させてくれます。
　今回、たくさんのコギ飼いのみなさんにアンケートにご協力いただきました。皆さんの回答を読みながら、ひと足先に「うん、あるある」とか「あ、そういうこともあるんだ」と楽しませていただいたのですが、一番強く感じたのはコギ様と飼い主さんの距離の近さ、絆の深さです。単にペットというだけではなくて、一歩奥に踏み込んだ、パートナーのような存在として一緒に暮らしている方が多いなあ、という印象でした。もしかしたら、そういった距離感で暮らせるというのが、コーギーという犬の隠れた特徴であり、魅力なのかもしれません。
　もちろん、お世辞にも手軽に飼える犬という訳ではありません。意外に大きさもあるし、声も大きく、散歩もしっかり必要です。でも、手はかかっても、それ以上に幸せと楽しさを与えてくれるのがコーギーです。これから飼おうかな、と思っている方、ぜひ、一歩前に進んでみてください。この本に載っている皆さんのように楽しいコーギー式生活が待っているはずです。……大量の抜け毛ももれなくついてきますよ。

デザイン・装丁　メルシング
イラスト・ヨギトモコ
カバー写真：中村陽子（Dogs 1st）
取材協力：The Corgi Works

飼い主しか知らないコーギーとの暮らし、55の裏事情。
コーギー式生活のオキテ　NDC 646

2014年11月13日　発　行

編　者　コーギー式生活編集部
発行者　小川　雄一
発行所　株式会社　誠文堂新光社
　　　　〒113-0033　東京都文京区本郷3-3-11
　　　　（編集）電話 03-5800-5751
　　　　（販売）電話 03-5800-5780
　　　　http://www.seibundo-shinkosha.net/

印刷所　株式会社　大熊整美堂
製本所　和光堂　株式会社

©2014,Seibundo Shinkosha Publishing Co., Ltd.　　Printed in Japan　検印省略
禁・無断転載

落丁・乱丁本はお取り替え致します。

本書のコピー、スキャン、デジタル化等の無断複製は、著作権法上での例外を除き禁じられています。本書を代行業者等の第三者に依頼してスキャンやデジタル化することは、たとえ個人や家庭内での利用であっても著作権法上認められません。

Ⓡ〈日本複製権センター委託出版物〉本書の全部または一部を無断で複写複製（コピー）することは、著作権法上での例外を除き禁じられています。本書からの複写を希望される場合は、事前に日本複製権センター（JRRC）の許諾を受けてください。
JRRC（http://www.jrrc.or.jp/　E-mail: jrrc_info@jrrc.or.jp　電話 03-3401-2382）

ISBN978-4-416-71462-1

JN294783

メディカルサポートコーチング

医療スタッフのコミュニケーション力＋セルフケア力＋マネジメント力を伸ばす

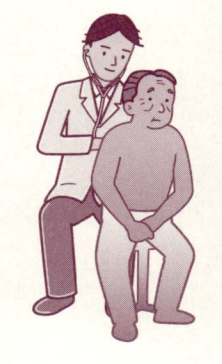

奥田弘美＋木村智子 著

中央法規

はじめに

「患者さんやスタッフとの意思疎通がうまくいかない」
「毎日の業務に神経も体力も使うので、へとへとだ。なかなか疲れが回復しない」
「もっと職場全体が明るくて楽しい雰囲気になればいいのに……」
「思いもかけないことでクレームを言われる」

　今、医療現場ではこのような声をよく耳にします。あなたは、そんなふうに感じたことはありませんか？

　現在、多くの医療現場は、少なからずコミュニケーションに関する悩みを抱えています。年々トラブルが増えている患者さんとのコミュニケーション問題はもちろんのこと、複雑化するチーム医療を円滑に行うためのスタッフ同士の意思疎通も課題です。医師、看護師、薬剤師、栄養士、理学療法士、作業療法士、各種専門技師などがチームとしてうまく連携しなければ、安全で効果的なチーム医療は成り立ちません。また高度ストレス時代と化している現代は医療現場も例外ではなく、医療者自身の笑顔を支えるメンタルヘルスケアも無視できなくなってきました。

　これらの悩みを解決する一つのヒントとなるのが、「コーチング」というコミュニケーション法です。コーチングは、「人の自発性を引き出し、自主的な行動を引き出していくためのコミュニケーション法」として、アメリカで体系づけられたコミュニケーション法です。スポーツの指導法をベースに、カウンセリングや心理学的手法、行動科

学、リーダーシップ論などが融合されています。主にビジネス領域でのマネジメントや目標達成法として注目を集めてきましたが、今やビジネス分野だけにとどまらずさまざまな領域で活用されるようになってきています。ただし商業ベースで広がってきたために原著原典はなく、コーチングと一言でいってもその手法や理論は流派によってさまざまです。また商業主義と一線を画す医療分野には、不必要な内容も少なからず含まれていたりもします。

そこで筆者らは、約10年前からメディカル＆ライフサポートコーチ研究会を設立し、医療向けにアレンジして体系づけし直した「メディカルサポートコーチング法」やメンタルヘルスのための「セルフサポートコーチング法」を提案してきました。本書ではその方法を余すことなくお伝えしたいと思います。

まず第1章では、基本的なコミュニケーションのためのコーチングスキルを患者さんとの対話を中心にわかりやすく簡潔に説明しました。この必要最低限のスキルを身につけていただくだけで、コミュニケーションに対する苦手意識がかなり緩和されると思います。

さらに第2章では、他者とのコミュニケーションをよりスムーズにするための自分自身へのコーチング法「セルフサポートコーチング」について解説しました。医療現場はストレスの多い職場ですから、自分自身のメンタルヘルスケアも非常に大切なのです。自分自身のメンタル面を上手にコントロールできるようになると、他者への思いやり

や気遣いも自然にアップしてきます。その結果、よりよい他者との関係づくりも促進されていくのです。

　そして第3章はスタッフ同士のコミュニケーションをテーマとしたマネジメントコーチングを掲載しました。スタッフ同士のスムーズな関係構築のために、そして新人教育や上司・部下のマネジメントにもお役立ていただけると思います。

　最後の第4章では、医療者として最低限押さえておきたいソーシャルマナー、ビジネスマナーを網羅したホスピタリティコーチングについて解説しています。コミュニケーションは言葉だけではなく、外観や態度、表情といった非言語の要素も多いものです。他者を不快にさせないための最低限のマナーや接遇法をぜひこの機会に身につけていただきたいと思います。

　私たちのノウハウを網羅した本書が医療現場で働くみなさまの一助となれば幸いです。

2012年2月

メディカル＆ライフサポートコーチ研究会代表
奥田弘美

CONTENTS

はじめに

第1章 コミュニケーションの基本スキル 〜メディカルサポートコーチングを用いて〜 ……11

1 会話に臨む前に ……12
1. あなたの理想のコミュニケーションをイメージしよう（スキル・イメージング） ……12
2. まずは小さな一歩からはじめよう（スキル・モデリング） ……13
3. よりよいコミュニケーションのための事前チェック ……16

2 会話の1ステップ目は、まず「聴く」から ……22
1. 基本の会話の流れは3ステップ、まず「聴く」ことが大切 ……22
2. 理想的な聴き方を理解しよう（スキル・ゼロポジション） ……26
3. 相手に共感を示しながら聴く（スキル・ペーシング＆おうむ返し） ……29
4. 会話を温かい雰囲気にする（スキル・うなずきと相づち） ……32

3 会話の2ステップ目は「質問する」 ……35
1. 質問が詰問にならないために ……35
2. オープン型質問とクローズ型質問を上手に使い分ける ……36

3　やる気やアイデアを引き出すための未来型質問・肯定型質問 … 40
　4　誤解を防ぐための質問
　　　（スキル・塊をほぐす＆塊を再構築する） ………………… 44

4　会話の3ステップ目で「伝える」 ………………… 50
　1　医療現場では「伝える」ことがいっぱい ………………… 50
　2　メッセージは、できるだけ「I（私）」で伝えよう ………… 51
　3　承認をたっぷり伝えよう ………………………………… 55
　4　耳が痛いことは「枕詞」で伝えよう …………………… 57
　5　長引く話をいったん止めたいときに（スキル・一時停止） … 60
　6　相手に強く「要望する」ことも時には必要
　　　（スキル・要望する） …………………………………… 62
　7　コミュニケーションの最後にはできるだけ確認を
　　　（スキル・まとめと同意） ……………………………… 64

5　応用編・目標達成のためのコーチング ………… 69
　1　目標達成も3ステップで考えよう ……………………… 69
　2　第1ステップ「マイ・ゴールの設定」のために ………… 71
　3　第2ステップ「マイ・アクションプランの設定」のために … 81
　4　第3ステップ「行動をサポートする」ために …………… 86

第2章
医療者の笑顔を生み出すための メンタルヘルス
～セルフサポートコーチング～

99

1 自分のメンタルヘルスケアができないと コミュニケーションもうまくいかない ……… 100
1 コミュニケーションはセルフケアから ……… 100
2 まずはあなたの心のセルフチェックを ……… 102
3 毎日、心の充電レベルをチェックしよう ……… 104

2 ストレスについて詳しく知ろう ……… 109
1 ストレスって何？ ……… 109
2 ストレスを意識化することで自分を守ろう ……… 111
3 あなたのマイ・ストレスサインを知ろう ……… 113
4 マイ・ストレスサインが発生して、心のエネルギーが
落ちてきたときの対処法 ……… 117

3 心と体に栄養を ……… 121
1 心身に体力をつけるために必要な食生活の知恵 ……… 121
2 正しい睡眠で心も体も元気にする ……… 125
3 生活バランスを改善して心の体力をアップしよう ……… 126

第3章
上司と部下の良好な関係をつくるスキル
～マネジメントコーチング～

131

1 上司・部下に求められる能力 …… 132
1 上司と部下に必要なコミュニケーション能力とは …… 132
2 自分を知ること …… 134
3 相手との対等なふれあいを意識する …… 137
4 リーダーシップ＆フォロワーシップを発揮する …… 140

2 交流分析理論で自分のコミュニケーション・スタイルを知ろう …… 146
1 交流分析理論（Transactional Analysis；TA）とは …… 146
2 エゴグラムで自分のコミュニケーション・スタイルを知る …… 147
3 自我状態をコントロールする …… 150
4 上司・部下とのコミュニケーション・スタイルに合った接し方を身につけよう …… 155

3 相手とのかかわり方を工夫する …… 159
1 信頼関係を築く"聴き方" …… 159
2 承認を意識する …… 162
3 アサーティブに伝える …… 170
4 非言語コミュニケーションに焦点をあてる …… 174
5 NLP（Neuro Linguistic Programming）；神経言語プログラミング理論を活用する …… 177
6 伝わる話し方をマスターする …… 182

- 7 効果的な質問をする ……………………… 183
- 8 ファシリテーターとしてリーダーシップをとる ……… 185

第4章
快いふれあいを促すスキル
～ホスピタリティコーチング～ 191

1 ホスピタリティコーチング入門 …………… 192
- 1 ホスピタリティあふれる対人サービスとは ……… 192
- 2 医療現場でのサービスに要求される難しさ ……… 193
- 3 快いふれあいのためにあなたがこれだけは守りたい
  と思うことは ……………………………… 196

2 七つの基本姿勢をマスターしよう ………… 200

3 さまざまな場所での応対の基本 …………… 204
- 1 受付（カウンター） ……………………… 204
- 2 待合室・診察室 …………………………… 205
- 3 ナースステーション ……………………… 206
- 4 病室 ……………………………………… 208
- 5 薬局 ……………………………………… 208
- 6 在宅医療 ………………………………… 209

4 ふれあう瞬間にホスピタリティを感じさせる
スキル …………………………………… 212
- 1 初めての出会い …………………………… 213
- 2 スマートな案内のコツ …………………… 222

3　わかりやすく、感じのよい話し方と伝え方 …………………230

5　ホスピタリティのある姿勢で対応する …………242
　1　クレーム対応 …………………………………………242
　2　電話の応対 ……………………………………………244

6　職員間のホスピタリティマナー …………………249
　1　仕事の基本はホウ・レン・ソウ ……………………249
　2　仕事をスムーズにするための職場のホスピタリティマナー …251

　参考文献 ……………………………………………………253
　おわりに
　索引
　著者紹介

第1章

コミュニケーションの基本スキル

～メディカルサポートコーチングを用いて～

会話に臨む前に

1 あなたの理想のコミュニケーションを イメージしよう（スキル・イメージング）

　コーチングは単なるコミュニケーション法のノウハウではありません。「目標達成型コミュニケーション法」といって、何か「こうなりたい」「こうしたい」といった目標を達成するために、他人や自分自身に対して行うコミュニケーション法です。そのためコーチングでは扱う内容がどんなことであっても、必ず目標をきちんと設定し具体化するということを重要視し、しっかりと行動計画を立てていきます。

　本書は医療者のコミュニケーション力アップを目標としていますので、当然ながら「あなた自身の理想のコミュニケーション」をしっかりと具体化して目標設定する必要があります。

　では、さっそく次の問いに従って、あなたのコミュニケーションの理想的状態を具体化していきましょう（スキル・イメージング）。

> 【Q1】「あなたのキャラクターのなかで長所はどんなところでしょうか？　自分を思い切り褒めるつもりで書き並べてみてください」
> 例）明るくハキハキと話すところ、場の空気をしっかり読めるところ、体育会系でノリがよいところ。等

(　　　　　　　　　　　　　　　　　)

【Q2】「あなたのキャラクターを活かしながら、さらにどのようにコミュニケーション力をアップさせたいと思いますか？」

例）明るく元気なところを活かして、多くの患者さんにも安心感と親しみを感じてもらえるようになりたい。体育会系でノリがよいところを活かして、スタッフ同士の楽しいムードメーカーになりたい。等

(　　　　　　　　　　　　　　　　　)

【Q3】「あなたのキャラクターに近い人物で、あなたの目標にしたいモデルはいますか？　できるだけ実在の人物で考えてみましょう」

例）学生時代に実習で指導を受けた○○先生。スポーツキャスターの松岡修造さん。等

(　　　　　　　　　　　　　　　　　)

2　まずは小さな一歩からはじめよう（スキル・モデリング）

　前述の質問に答えることで、少しずつあなたのコミュニケーションの目標が具体化してきたと思います。ある程度コミュニケーションのゴールが具体化してきたら、今度はさっそく行動に移しましょう。

　コーチングの行動のコツを一言でいうと、「千里の道も一歩から」で

す。理想をいっぺんに実現しようとすると無理が生じますが、一歩ずつ一歩ずつ近づいていくようにすれば、必ず目指すゴールに近づくことができます。

あなたの理想とするコミュニケーションのゴールについても同じです。まずは次の質問に従って、小さな行動を少しずつ起こしていきましょう。

【Q1】「あなたの理想のモデルと比べて、あなたはどこが違いますか？ 次の項目に従って違いをチェックしてみましょう」
- 外観（服装の雰囲気、髪型など）
(   )
- 表情やしぐさなど
(   )
- 声の調子や大きさ、トーン、スピード
(   )
- 挨拶や声かけなどで、よく口にする言葉
(   )

【Q2】「あなたが理想のモデルに近づくために、今すぐできる小さな行動は何ですか？」

例） もう少し声のトーンを下げてゆっくりと話す。髪の色をもう少し落ち着いたダークな色に変える。朝、こちらから笑顔で挨拶や声かけをする。等

(   )

このように理想のモデルを設定して、自分とモデルとの違いを具体化し、できることからモデルに近づく行動をしていくことを「モデリング」のスキルといいます。

　例えば私の知人の看護師Mさんは、自分の理想とするモデルT看護師長に近づくために、まずは派手なアイシャドーをやめて化粧をおとなしくしました。そして話し方のスピードをゆっくりにして、声のトーンを抑えた温かい声色で「調子はいかがですか？」と自分から患者さんに声かけしていくように心がけました。表情もT看護師長をまねて、できるだけ穏やかな笑顔を心がけたそうです。その結果、以前は苦手だったタイプの患者さんともうまくいくようになり、トラブルも減ってきたということです。

　このMさんのように初めは猿まねでもかまわないので、理想の人をできることからまねてみてください。そういう前向きな行動が積もり積もると、いつの間にか自然と無理せず理想に近づいていくことができるのです。

3 よりよいコミュニケーションのための事前チェック

　何事も備えあれば憂いなしです。コミュニケーションにおいても、それは同じです。良好なコミュニケーションをとるためには、相手と対面する前に、できるだけの準備をしておくことが大切です。なぜならば、第一印象が会話の流れを左右してしまうからです。

　例えば、初対面の人は、たいていあなたの人となりを第一印象でレッテル貼りしてしまいます。「親切そうな人」「優しそうな人」というよい第一印象をもってもらえればいいのですが、逆にマイナスの第一印象をもたれた場合は非常に損です。「怖い人」「頼りない人」「だらしない人」などと性格をレッテル貼りされてしまい、その汚名返上にはかなりの時間と労力がかかってしまいます。

　初対面だけではなく、既知の人と会うときにもその日一番の第一印象がよいものであればあるほど、その後の会話がスムーズに流れやすくなります。「今日はなんだか機嫌悪そう」「暗い顔をしているな」などとネガティブな第一印象を与えてしまうと、気軽に話しかけてもらえなかったり、情報が伝わりにくくなったりします。

　次に第一印象をよくするためのコミュニケーション準備に欠かせないチェック事項を列挙しました。ぜひ参考にしてください。

笑顔

　笑顔はただ単に愛想よく見せるためのものではありません。コーチングにおける笑顔の意味は、「相手の警戒心を解いて、歓迎の意を表す」です。

私たち医療者に対して、患者さんが警戒心を解いてくれればくれるほど、本音やニーズが引き出しやすくなります。また「うちの病院（クリニック）に来てくれてありがとう、歓迎します」というメッセージを患者さんに感じてもらえれば、その後の信頼関係も構築しやすくなります。

　女性は幼い頃から「女の子は笑顔を忘れずに愛想よく」という教育を受けていますので、ある程度の笑顔を出せる人が多いのですが、男性スタッフのなかには笑顔がなかなか出ない人が少なくありません。医療者として笑顔はプロのスキルであることを意識して、さりげないスマイルを常に心がけていただきたいと思います。

　笑顔を出しやすくするためには、事前に自分の好きな家族や恋人、友人、ペットなどの写真を見ておくといいでしょう。メモ帳にそうした写真を貼り付けたり、デスクの写真立てに飾る、携帯電話の待ち受け画面にしておく、などが効果的です。苦手な人と対峙する前にも、特にこの方法はお勧めです。

視線の高さ・アイコンタクト

　人に向かい合うとき、視線の高さやアイコンタクトにも気を配ることが大切です。これらはコミュニケーションに少なからず影響を与える重要なファクターです。そのためにも事前の知識が必要です。

　まず視線は同じ高さがベストだと覚えておきましょう。自分が立って相手を座らせると「上から下」への視線の流れとなり、命令調に聞こえやすくなります。逆に自分が座って相手を立たせると「下から上」の視線となり、相手は裁判官が被告を尋問しているがごとく尋問調に感じやすくなります。基本的に同じ高さだと、**相手と自分は対等**とい

う意識が生まれるので変な力関係が生まれにくくなります。相手と会う場所が事前にわかっている場合は、ぜひ、いすの高さを事前チェックしたり、シチュエーションをシミュレーションしてみてください。

さらにアイコンタクトもしっかりととってください。アイコンタクトは「あなたの存在をちゃんと認識していますよ」という重要なメッセージです。アイコンタクトのない会話では、相手は不安や寂しさ、不快さを感じやすくなります。また何かたくらんでいるのではないか、本当のことを隠されているのではないかという疑念も生まれやすくなります。

カルテや用紙に書き込みながら…というシチュエーションが医療現場では多々あるのですが、このときもできるだけアイコンタクトを交わすように心がけてくださいね。

挨拶＆自己紹介の言葉

朝、職場に入るときの「おはよう」からはじまり、初対面の患者さんに会うとき、入院患者さんを訪室するとき、患者さんやスタッフと面談の予定があるときなど、挨拶が必要な場面が医療現場にもたくさん存在します。

さわやかで温かな挨拶はコミュニケーションを快適にスタートさせるためには欠かせない重要事項です。先述した第一印象も、この挨拶のできによって決まってくるといっても過言ではありません。

まずは今日出会う人を可能な範囲で想定して、簡単に挨拶の言葉をシミュレーションしてみましょう。

既知の人ならば「おはよう、今日もよろしく！」「こんにちは、先日は本当にありがとうございました」「やあ久しぶり、調子はいかがです

か？」などと、その人との関係性によっていろいろな挨拶がありますね。

　初対面の人に対しては、挨拶＆自己紹介は欠かせません。医療者はとかく自己紹介を忘れがちですが、可能なかぎり必ず入れてください。患者さんはすでに自分の名前をカルテで提示しています。だからこそ応対する私たち医療者も同じように名前を名乗るのが大切なのです。
「はじめまして、担当の〇〇です。今日は朝早くから大変でしたね」「こんにちは、今日担当します〇〇と申します。どうぞよろしくお願いします」「当院へようこそ。私は〇〇と申します。お待ちしておりました」などの言葉とともに、あなたのとびっきりの笑顔や温かな声のトーンもぜひイメージしておいてください。

　たとえそのとおりにできなかったとしてもいいのです。あらかじめ

こんにちは、今日担当します
〇〇と申します
どうぞよろしくお願いします

1　会話に臨む前に

シミュレーションしておくことで緊張や不安が解け、すてきな笑顔や雰囲気が生まれやすくなります。

ハード面（部屋、小物類）

「あなたを歓迎します」「来院していただいてありがとう」という気持ちを、ハード面でもどんどん表現してみましょう。例えばスリッパやソファーの清潔度、案内のわかりやすさ、設備の快適さ、さりげなく飾られたグリーンや絵などからも、人はメッセージを感じます。

私が個人的に経験して快適だったハード面のよい例をあげてみました。

- 靴を脱ぐタイプのクリニックの玄関に手入れの行き届いたスリッパが並べられてあり、「スリッパはすべて消毒済みです。安心してお使いください」と立て札がかけてあった。
- 殺風景になりがちな医療機関のエントランスに、邪魔にならない程度の季節を感じさせるオブジェ（クリスマスツリーやひな人形など）や花が飾られている。
- 受付の近くに、荷物置きやいすが用意されていて、問診表記入や会計がしやすいように工夫されていた。
- 子どもの多いクリニックや病院に、子どもが遊べる清潔なスペースが用意されている。
- 患者さん用にわかりやすい病気や治療、予防法の情報がポスター掲示されていたり、役に立つパンフレットが置かれていたりする。

会話に臨む前にのまとめ

①あなたのキャラクターに合ったコミュニケーションの理想像を設定しよう。

実在のモデルを設定して、まねできるところからまねしてみよう。

②第一印象は重要。できるかぎり準備をしていこう。

ソフト面、ハード面からベストな第一印象を感じてもらえるように工夫しよう。

2 会話の1ステップ目は、まず「聴く」から

1 基本の会話の流れは3ステップ、まず「聴く」ことが大切

　挨拶や自己紹介も終わり、いよいよ相手と向かい合って会話がスタートしはじめました。さあこのとき、まず気をつけることは何だと思いますか？　それは一言でいうと「聴く」ということなのです。まずは次の2種類の会話をご覧ください。

> **会話例**　**普通の「聞く」対応**
>
> 患者さん「最近、通院をさぼりがちでねえ……」
> スタッフ「あら、ダメじゃないですか、ちゃんと通院していただかないと、病気がまた悪化しますよ。治療をきっちり継続していかないと治療効果が出ませんよ」
> 患者さん「わかってるんですが、新しい仕事をはじめちゃってね。予期せぬことがいっぱい起こるものだから大変で～」
> スタッフ「でも、とにかく頑張ってきちんと通院してください。病気が悪化してしまいますからね」
> 患者さん「(決まり悪そうに) はい……」

会話例2　話を「聴く」対応

患者さん「最近つい通院をさぼりがちでね……」

スタッフ「あら、<u>通院をついさぼってしまうのですね。よかったら詳しく事情を教えてください</u>」(**おうむ返し**（30ページ参照）)

患者さん「ええ、悪いなあって思うんだけど、新しい仕事をはじめてね。予期せぬことがいっぱい起こるもんだから、外来の予約どおりに来られなくなっちゃうんですよね。ここまで来るのには、1時間もかかるしねえ……」

スタッフ「(<u>大きくうなずきながら</u>) なるほどねえ。通院できない状況はよくわかりました(**ゼロポジション**（26ページ参照）、**うなずき**（32ページ参照）)。ご存じかと思いますが、今の治療は継続することが大切なのです。もしどうしても今までどおりの通院が難しいのなら、先生に一緒に相談してみませんか？　薬を多めに出すとか、お近くのクリニックに紹介するとか、何か方法を考えてくれるはずですよ」

患者さん「わあ、本当？　ぜひお願いします」

いかがですか？　会話例1と会話例2の会話の雰囲気や流れがずいぶん違いますよね。この違いはどこから生まれてくるのでしょうか？　それはスタッフが「まず初めに聴いているか、聴いていないか」というところからなのです。

会話例1のスタッフももちろん患者さんの話を一応聞いてはいます。ですがすぐに波線のように自分の意見を伝えていますよね。

一方、会話例2のスタッフは、まず「よかったら詳しく事情を教えてください」と患者さんの話を「聴こう」としています。

実は「聴く」と「聞く」は同じではありません。「聴く」という字が示すとおり、耳に目と心を＋（プラス）する「しっかりと相手の話を聴く」というのが大切なのです。なぜならば、人は自分の話をしっかり聴いてくれた人に対しては、「自分を受け止めてくれている」という、**「安心と信頼を感じる」**からなのです。

そこでメディカルサポートコーチングでは、会話の基本順序を「聴く」⇒「質問する」⇒「伝える」の3ステップで考えることを提案しています。今までの医療者というのは、「質問する」⇒「伝える」の2ステップで会話を完了させがちでした。例えば、外来の医師を例にあげてみましょう。

会話例　2ステップの会話

医師「熱があるのですね？　咳と痰は？」（質問）
患者さん「あ、はい。咳も痰もあります」
医師「痰はどんな色？」
患者さん「少し黄色くて濁ってます」
医師「そう、じゃあ風邪薬と咳止めと痰の薬を出しておくから様子を

みてください。暖かくして早く寝てね」（**伝える**）

患者さん「あ、はい……」

　今までの医療現場では、こういった「質問する」⇒「伝える」の2ステップ型の会話がほとんどでした。そのため患者さんが「自分の思っていることを言えなかった、話を聞いてもらえなかった」と不満を抱きやすかったのです。

　これを最初に「聴く」というステップを入れて3ステップにするとどうでしょうか？

会話例　3ステップの会話

医師「熱があるのですね。症状はどんな具合ですか？」（**聴く**）

患者さん「昨日から熱があるんです。急に出てきました。ここ最近、残業が多くて疲れていたのかなあ」

医師「なるほど、お疲れだったんですね。では咳と痰はどうですか？」（**質問**）

患者さん「はい、どちらもありますね。昨日から特に痰がひどくなりました」

医師「どんな痰でしょうか？」

患者さん「黄色くて濁っています」

医師「それでは熱を下げる薬と、咳と痰に効くお薬を出しておきますね。お仕事はできたらお休みされたほうがいいでしょう。もちろん残業は禁止ですよ」（**伝える**）

患者さん「わかりました。さっそく職場に連絡してみます」

いかがですか？　こんなふうに「聴く」というステップを最初に意識するだけで、患者さんはまず自分の考えや訴えを話すことができるようになります。双方向のコミュニケーションが成り立つため、**患者満足度**もアップしやすくなりますし、残業が多いという情報もキャッチできたため相手の事情に沿った情報も伝えやすくなるのです。

このように会話の最初はまず「聴く」というステップをできるだけ意識することが大切です。この節では、コーチングの聴くスキルを詳細にお伝えしていきたいと思います。

❷ 理想的な聴き方を理解しよう（スキル・ゼロポジション）

コーチングの「聴く」は、**ゼロポジション**というスキルに集約して表現されています。これは自分の意識を相手に向けることで、相手の話をそのまま受け止める聴き方です。いわばしっかり聴くための聴き方の理想像ともいえます。まず以下にそのスキルの具体的な方法をまとめました。

スキル・ゼロポジション

①先入観をもたない

相手のこと、会話の内容について、できるだけ事前に先入観をもたないようにします。まずは相手の話を聴いてみようという気持ちで会話に臨むようにします。心が真っ白なキャンバスになったようなイメージをもつとよいでしょう。

②最後まで聴く

相手がしゃべっている間もできるだけ自分の思考を抑えるように努力します。「自分ならこうするのに」「それは間違っている」「意外と頑張っていないのだなぁ」など相手の話を心のなかで自己解釈したり、評価や否定をしないで、まずは「最後までとにかく聴いてみよう」と受け止めることを心がけます。

③口を挟まない

相手がひととおり話し終わるまで、口を挟まないようにします。「……。」と最後の言葉が終わるまでしっかり聴くことを自分に義務づけましょう。

④否定的接続詞は NG

否定的な接続詞を極力使わないように心がけます。「でも」「しかし」「だけど」「そういうけどね」などの否定的接続詞を使うと、相手は自分の話を拒絶されている、否定されていると感じて心を開きにくくなります。代わりに「それで？」「なるほど」「そして？」といった促進的な接続詞をできるだけ使って会話を進めましょう。

⑤沈黙も待つ

もし沈黙が訪れても、できるだけ自分から話さないで、できるだけ待ってみましょう。話す相手がまだ話したいことを考えている場合があるためです。

⑥聴き手に徹する

聴くときにはこれらのことを意識して、自分は聴き手に徹するよう

先入観をもたない	聴き手に徹する
沈黙も待つ	口を挟まない

に意識しましょう。

　ゼロポジションで聴くと、相手のなかには、「自分の話を否定も批判もせず、しっかりと受け止めてくれている」という安心感と信頼感が芽生えます。そして、「じゃあ、この人の言うことも聞いてみよう」という気持ちが生まれてきて、心の扉が開きやすくなります。
　このゼロポジションはコーチングの聴き方の根本となるスキルですが、実際に忠実に実行するとなるとまとまった時間や集中力が必要になってきます。そのためすべての会話を完璧なゼロポジションで行う

ことは不可能です。

　まずは「ゼロポジションは聴くことの理想像」として心の隅に掲げておくだけで十分です。そして日々の会話では、次にあげる簡単なスキルをまず実行してみてください。効果的に「聴く」という雰囲気づくりができます。

3 相手に共感を示しながら聴く　　（スキル・ペーシング＆おうむ返し）

　たとえベッドサイドや立ち話などの短い時間であっても、相手の話に共感しながら聴くための二つのスキルがあります。

スキル・ペーシング

　まずそのスキルの一つが「**ペーシング**」です。ペーシングとは、相手と自分の間に共通点をたくさんつくるためのスキルです。人は自分と相手に「同じ」が多ければ多いほど、「自分のことをわかってもらえている」という親密感や安心感を感じます。まずは次の項目について、できるだけ相手と「同じ」をつくってみてください。

①話し方を合わせる

　話すスピード、声の大きさ、トーン、雰囲気なども、常識の範囲内でできるだけ相手に合わせます。

　ゆっくりしゃべる高齢者などには、ゆっくりと、大きくハキハキしゃべる元気な人には、こちらもハキハキと答えます。うれしそうな人には、こちらもうれしそうにトーンを上げて共感を示しましょう。急い

でいる人には、こちらもテキパキと答えましょう。

②言葉遣いや態度を合わせる

　例えば、丁寧な言葉を使う人には、できるだけ丁寧に。まれに相手が丁寧語を使っているにもかかわらずタメ口で対応しているスタッフをみかけますが、これはご法度です。逆に庶民的な砕けた調子で話す人には、こちらも度を越えない範囲で砕けてみてもいいでしょう。

③動きを合わせる

　しぐさや、身振り手振りも、合わせてみます。例えば、「首すじがズキズキ痛むのです」と首すじを押さえた人には、こちらも自分の首すじを押さえながら「ここがズキズキするのですね」という要領で、さりげなく合わせてみるのがポイントです。

　これらのペーシングを意識的に行うことで、共感の気持ちを効果的に示すことができます。さらに、次の「おうむ返し」のスキルとも合わせて行ってみてください。

スキル・おうむ返し

　このスキルは文字どおり相手の言葉の語尾を繰り返す方法です。いくつか例をあげてみましょう。
① 「昨晩痛くて眠れませんでした」
　（つらそうに低い声のトーンで）
→ 「痛くて眠れなかったのですね」
　（相手に合わせてトーンを落として）

②「今日はとても楽しいことがあったんですよ！」
　（イキイキとうれしそうに）
→「わあ、楽しいことがあったのですね！」
　（相手に合わせて声を弾ませて）
③「いろいろと本当に大変でした」
　（しんみりとなつかしむように）
→「大変だったのですね」
　（静かな声で穏やかな表情で）

　これらの例を参考に、先ほどのペーシングをしながら相手の言葉の語尾をところどころ繰り返してみてください。それだけで「あなたの気持ちを私は共感しながら受け止めていますよ」というメッセージとなっていきます。

> **活用例　ペーシング・おうむ返し**
>
> ①外来にて（スタッフ 対 患者さん）
>
> 　患者さん「（うれしそうに）この前は、急な対応をしていただいてありがとう。おかげですごく楽になりました！」
>
> 　スタッフ「（うれしそうな笑顔）お楽になられたんですね！　お役に立てて、とてもうれしいです」
>
> ②受付にて（受付スタッフ 対 患者さん）
>
> 　患者さん「（丁寧だがセカセカした早口で）あの田中ですが、診察までどれぐらいかかりますか？　急いでいるのですが……」
>
> 　受付スタッフ「（同じような早い口調でキビキビと）お急ぎなのですね、少々お待ちください。ただいま、すぐお調べいたします……

2　会話の1ステップ目は、まず「聴く」から

そうですね、あと10分ほどで診察させていただけると思います」
患者さん「わかりました。待ってます」
（解説）
うれしそうな患者さんにはうれしそうに、急いでセカセカしている患者さんには、早口でキビキビとペーシングしながらおうむ返ししています。

4 会話を温かい雰囲気にする
（スキル・うなずきと相づち）

　会話に温かい雰囲気のうなずきと相づちを意識してたくさん入れ込んでみましょう。それだけで「あなたの話をもっと聴かせて」というメッセージになります。気持ち的には普段の2倍ぐらいのうなずきと相づちをするつもりでたっぷりと取り入れてみてください。
「ええ、ええ、それで？」
「はい、はい、なるほどね」
「ふんふん、そうなんだ」
「ほほぉ、それはすごいねえ」
などといった感じで、相手とシチュエーションに応じた温かいタイプのうなずきと相づちを使ってくださいね。同時ににこやかなアイコンタクトもお忘れなく。
　ただし間違っても、木で鼻をくくったような冷たい無愛想な相づちはうたないでください。逆効果になりますからご注意ください。
　普段の何気ない会話でも、この二つのスキルを使うだけで、患者さんの満足度は格段に上がります。ぜひ気軽に実行してみてください。

聴くスキルのまとめ

①まずは自分が1分でも2分でもいいから聴き手になろう。
②相手の表情、声のトーン、しぐさなどをよく観察してペーシング。
③うなずき、おうむ返し、相づちもたっぷりと。
④ここぞ！というときはゼロポジションでじっくり聴こう。

会話例　聴くスキル

スタッフ「こんにちは、おかげんいかがですか？」

患者さん「それがね、先月は風邪をこじらせてね、とってもつらかったのよ」

スタッフ「まあ！風邪でおつらかったのですね」（**ペーシング＆おうむ返し**）

患者さん「そうなの。だから思うように家でリハビリができなくってね」

スタッフ「（深くうなずきながら）ふ～ん、そうだったんですね」（**うなずき＆相づち**）

患者さん「熱も1週間あったし、そのあとも関節がずっと痛くなってねえ……先生から言われていたメニューがほとんどできなかったの。怒られるんじゃないかってすごく心配でねえ」

スタッフ「なるほど、リハビリができなかったので怒られるかどうかご心配なんですね」（**相づち・うなずき・おうむ返し**）

患者さん「ええそうなの。（冗談めかして笑いながら）ほら、あの先生、顔もいかついし、ちょっと口がきついでしょ」

スタッフ「（にっこり笑いながら）確かに確かに（**ペーシング**）、わか

りました。私からリハビリの前に先生に事情をお話ししておきますね。だから安心してください」

患者さん「よかった、だったら安心だわ」

3 会話の2ステップ目は「質問する」

1 質問が詰問にならないために

　医療者は、最も質問することが多い職種の一つかもしれません。日常の業務のなかで、患者さん、同僚やスタッフに対し、さまざまな質問を投げかけますよね。症状についてはもちろんのこと、生活習慣、既往歴、家族歴、時には仕事内容や家庭の事情についても、質問しなければならない場合があります。

　そこで注意したいのは、質問が詰問になってしまわないようにすることです。そのためには、自分のわからないこと、知りたいこと、確かめたいことばかり聞く「自分中心」の質問を続けないことが大切です。

　逆に相手のなかから、もっとニーズや思い、考えを引き出そうとする「相手中心」の質問をできるだけ増やしていくように心がけます。

　例えば、「熱はありますか？　痛みは？　それらはいつからはじまっているの？」というのは医療者の知りたいこと、つまり「自分中心」の質問です。

　一方、「あなたはどのように感じますか？」「あなたはどういう方法が好きですか？」「今の話に本当に納得されましたか？」「この計画で治療を進めていっても大丈夫ですか？」などは相手の意向や気持ちに

焦点をあてている「相手中心」の質問です。

　もちろん医療現場では、医療者が聞き取らねばならない情報やキャッチしなければならない症状など「医療者中心」の質問をすることも必要不可欠です。大事なことは、そればかり連続させないで、相手が「どう考えているのか？」「どうしたいと思っているのか？」という相手の気持ちや思いに心を向けることを常に忘れないということなのです。

2 オープン型質問とクローズ型質問を上手に使い分ける

　まずは次の質問をご覧ください。

質問例　グループA

「腹痛はありましたか？」
「イライラしますか？」
「来週もリハビリ来られますよね？」

質問例　グループB

「腹痛はいかがですか？」
「お気持ちはどんな感じ？」
「次回のリハビリはどうされますか？」

> **クローズ型質問**
> 来週もリハビリ来られますよね？
> あ、はい…
>
> **オープン型質問**
> 次回のリハビリはどうされますか？
> えっと…次回は用事があるのでできたらお休みしたいのですが

　まずグループAは**クローズ型質問**と呼ばれる質問のグループです。クローズ型質問とは、基本的に相手が「はい」「いいえ」だけで答えが完了してしまう質問です。

　片やグループBは、「はい」「いいえ」では答えられない**オープン型質問**のグループです。相手が自分の言葉を駆使して答えなければならない質問がこのオープン型質問です。

　より多くの相手の気持ちや、思いを引き出そうとすると、クローズ

型質問よりオープン型質問が適しています。ただしクローズ型質問が悪いというわけではなく、クローズ型質問には「答えやすい」「返事がしやすい」という長所もあります。そのため会話の冒頭部で相手が緊張しているときには、クローズ型質問でまず問いかけて、徐々にオープン型質問に変えていくという使い分けをするとよいのです。

会話例　クローズ型質問とオープン型質問の使い分け

スタッフ「3時からご予約のA様ですね」（クローズ型質問）

患者さん「（少々緊張した表情で）はい」

スタッフ「お待ちしておりました。今日は会社の検診の結果、肝臓の再検査のためにお越しになったのですね」（クローズ型質問）

患者さん「ええ、そうです」

スタッフ「今、どこか具合の悪いところは感じますか？」（クローズ型質問）

患者さん「いえ、特に自覚はありません」

スタッフ「産業医さんからは、どのようにご説明されていますか？」（オープン型質問）

患者さん「えっと、肝臓の数値が上がっているので、多分アルコールの飲みすぎだと思うけど、念のために悪いものがないかどうか専門の病院で検査を受けてくるように、と言われました」

スタッフ「わかりました。ご自身としてはどのように思われましたか？」（オープン型質問）

患者さん「確かにアルコールは最近飲みすぎていたので、さっそく減らしています。でもがんや胆石なども心配ですから、しっかり検査を受けたいと思っています」

> **スタッフ**「わかりました。先生にその旨お伝えしておきますね。これからまず診察に入っていただきますので、少々お待ちくださいね」
> **患者さん**「（笑顔で）はい」

どうですか？　冒頭部はクローズ型質問ではじまり、徐々にオープン型質問に変えていくことで、患者さんは程よく緊張がとけてスムーズに自分の気持ちを話せていますね。

初めに紹介した3パターンの質問のように、多くの質問が、ちょっとした語尾変化によってクローズ型質問からオープン型質問に変えることが可能です（ただし「何本？」「何時？」「いつから？」「どこで？」というのはセミクローズ型質問といって転換できません）。

オープン型質問とクローズ型質問の転換をスムーズにできるようにするためには、日々、自分自身が投げかける質問の種類がオープン型質問だったか、クローズ型質問だったか、振り返ってみることをお勧めします。そしてクローズ型質問だった場合はオープン型質問に、オープン型質問だったらクローズ型質問にと転換する練習をすれば次第に瞬時に使い分けられるようになってきます。

転換例　オープン型質問⇔クローズ型質問

オープン型質問「熱はいかがですか？」
　⇔**クローズ型質問**「熱はありますか？」
オープン型質問「次はいかがされますか？」
　⇔**クローズ型質問**「次も来られますよね」
オープン型質問「食事はいかがでしたか？」
　⇔**クローズ型質問**「食事は食べられましたか？」

オープン型質問「どのようなお気持ちでしょう？」
　⇔クローズ型質問「納得してもらえましたよね？」
オープン型質問「これからどうしたいの？」
　⇔クローズ型質問「もっとよくなりたいよね？」

3 やる気やアイデアを引き出すための未来型質問・肯定型質問

　オープン型質問の上級編として提案したいのが、未来型質問、肯定型質問という質問形です。
　まずは、次の質問例をご覧ください。

質問例　グループA

「なぜちゃんと薬を飲まなかったのですか？」
「どうして定期的にリハビリに来ないのですか？」
「運動をなぜ続けなかったのですか？」

質問例　グループB

「これから薬をきちんと飲んでいくためには、どうしたらいいと思いますか？」
「今後、定期的にリハビリに来てもらうにはどうしたらいいでしょうか？」
「明日から運動を実行していくには、何が必要でしょうか？」

グループAとグループBの質問は、基本的には同じ話題をテーマとしています。しかし相手がより前向きなやる気やポジティブな行動力を出しやすいのは、明らかにグループBだといえます。

過去型質問・否定型質問

　グループAは、コーチングにおいて「**過去型質問**」「**否定型質問**」といわれている質問の形です。まず、質問の焦点が過去の行為に向かっていますよね。そして、質問のなかに、「～しなかったのは」という、否定語句が含まれています。こういった質問をされると、相手は責められている、非難されているというニュアンスを受けやすくなります。その結果、「すみません、～だったので」と謝る心境になってしまい、言い訳が多くなってしまうのです。
　これらのほかにも次のような質問が否定型質問や過去型質問となります。

> 「どうして、すぐ相談しないの？」(**否定型質問**)
> 「なぜ、予定どおりにできなかったの？」(**否定型質問＆過去型質問**)
> 「なんで集合時間に来なかったのですか？」(**否定型質問＆過去型質問**)

　このように、否定語句を交えて、特に過去の事柄を質問すると、どうしても非難している、責めているというニュアンスが生まれてしまいます。絶対に過去のことを否定的に聞いてはいけないというわけではありませんが、せめて、こういったことを質問するときには、相手を主語にもってこないで、

「すぐ相談しない理由は、何なのかしら？」
「予定どおりにいかなかった原因は、何だと思う？」
「集合時間に来なかった理由は何だったのですか？」
などと、「理由」「原因」といった事柄を主語にしたほうが、責められているといったニュアンスが若干緩和されるようです。

未来型質問・肯定型質問

　グループBは逆に「**未来型質問**」「**肯定型質問**」と分類される質問です。これらの質問には、否定語句が含まれていません。つまり肯定型質問です。否定語句が含まれないため、自分を否定されている、責められているという感覚が起こりにくくなります。

　またこれらの質問の焦点は、未来の事柄に向かっています。コーチングでは、このような未来を尋ねる質問を未来型質問と呼んでいます。人は未来のことを肯定的に考えると気分が明るくなります。そのためやる気やアイデアも、浮かびやすくなるという効果が期待できるのです。

　グループAからグループBのように、過去型質問・否定型質問を、未来型質問・肯定型質問に変えることができれば、相手の受ける印象もずいぶん違ってきます。過去を振り返り、うまくいかなかった事柄を振り返る作業も大切ではありますが、そればかりに終始してしまうと、「今度は絶対、失敗しないように、ミスをおかさないように」という守りの姿勢となってしまいますよね。

　そこで、「なぜ〜うまくいかなかったのか？」「どこがよくなかったのか？」といった過去型質問・否定型質問を、「次からよりよくするためには、何ができますか？」「今後、少しでも改善するために、何かア

[コマ1]
過去型質問
否定型質問
- なぜ〜しなかったのですか？
- どうして〜できなかったのですか？
- すみません…

[コマ2]
未来型質問
肯定型質問
- これから〜するにはどうしたらいいと思いますか？
- もっとよくなるには、何が必要でしょうか
- そうですね〜

　イデアはありませんか？」という未来型質問・肯定型質問にできるだけ変えてみましょう。
　この未来型質問・肯定型質問をつくる最もやりやすいトレーニングは、まず自分自身に対して質問を投げかけてみることです。自分自身がやりたいと思っていること、思いどおりにできていないことを一つ見つけて、質問をつくってみてください。
　例えば、毎日運動したいが、なかなか三日坊主で続かないという人は、「どうして今日も、運動できなかったんだろう」と自分を責める過

去型質問・否定型質問をやめ、「明日、少しでも運動できるためには、どうすればいいだろうか？」と未来型質問・肯定型質問で問いかけてみましょう。

　職場で何か失敗したときは、「なんであんなミスしちゃったんだろう」という過去型質問・否定型質問で自問自答しがちですが、「少しでも挽回するためには、明日から何ができるだろう」という感じで未来型質問・肯定型質問の問いかけを行ってみるのです。気持ちが前向きになり、エネルギーが出てくるのが実感できます。

4 誤解を防ぐための質問
（スキル・塊をほぐす＆塊を再構築する）

スキル・塊をほぐす

　さて質問の種類分けに続いて、次は応用的なスキルに挑戦していきましょう。それは「塊をほぐす」というスキルです。

　実は言葉というものは、同じ単語でも、使う人によってニュアンスやとらえ方が違ってくる相対的な要素を含んでいます。それが、漠然とした意味を表す言葉であれば、なおさらです。例えば「だいたいわかります」「そこそこはよくなりました」「それは微妙ですね」などの抽象的な言葉は、使う人によって、言葉のイメージにかなりの差があります。また使っている本人でさえ、漠然としたフィーリングだけでとらえている場合が多くみられます。

　「塊をほぐす」質問は、この漠然とした**言葉の塊**を分解して具体化していくスキルです。

例えば、「今週はあまり調子がよくありません」と相手が言ったとします。この「あまり調子がよくない」という言葉は大きな意味の塊です。あなたの「あまり調子がよくない」と相手の「あまり調子がよくない」にはもしかしたら相当なギャップがあるかもしれません。このギャップを明確にするためにも、次のような塊をほぐす質問をしていきましょう。

> 「あまりというのは具体的にどのように調子がよくないのですか？」
> 「以前と比べて、どこが悪くなったと感じるのですか？　具体的に教えてください」
> 「調子がよくないということですが、状態はどんな感じになっているのですか？」
> 「あまりよくないと感じ出したのはいつ頃からですか？　何かきっかけはありますか？」

　このように「あまりよくない」をどんどん具体化する質問を投げかけていきます。すると、相手は「朝がすっと起きられていたのになかなか起きられなくなりました。また仕事にも思うように集中できずミスが増えています」「それに時々頭の芯がぼんやり痛いことがありますね」などと、自分が何気なく使った「調子がよくない」という言葉を具体化して説明してくれるでしょう。

　このように、一つの単語の塊を解きほぐしてどんどん具体化していくことで、こちらも相手の感覚が共有できます。また相手自身も気がついていなかった新しい気づきが生まれてくることが期待できるのです。塊のほぐし方には特にルールはありませんので、基本的にはオープン型質問を多用して、あなたのセンスで言葉を具体化していってく

ださい。

スキル・塊を再構築する

　続いて、十分に言葉が分解され、イメージが具体化されたところで、今度は「**塊を再構築する**」質問を投げかけます。これは、分解した部品を、再度すっきりとわかりやすくまとめ上げるスキルです。

　「塊をほぐす」が、ごちゃまぜになっていた押入れの中身を一つずつ引き出して確認する作業であるとすれば、「塊を再構築する」は、それら引き出した中身を整然と整理して押入れに再び並べていき、一目で中身がわかるように整えて「これでいいですか？」と確認する作業だといえるでしょう。

　例えば、先ほどの「あまり調子がよくない」という言葉の塊をほぐしたところで、再び塊を再構築してみましょう。

　「なるほど、あまり調子がよくないというのは、朝なかなか起きられなくなって、仕事にも集中ができずミスが増えているということですね。時々頭の芯も痛むのですね」

　こんな具合で相手の言葉を整理して相手に問いかけ直します。こうすることで自分の解釈が相手の意図と間違っていなかったかを確かめることができます。また相手は自分の語った言葉を再認識し、頭が整理できるという効果も得られるのです。

　実際の会話例をあげてみましょう。

会話例 外来にて

スタッフ「睡眠は、いかがですか？」
患者さん「最近、夜になると病気のことが心配になってきて、眠れないんです」
スタッフ「どんなふうに心配になられるのですか？」(塊をほぐす)
患者さん「なんていうか、不安なことばかり考えてしまうんです」
スタッフ「例えば、どういった不安なことが思いつくのか、具体的にあげてもらえますか？」(塊をほぐす)
患者さん「ええ……。この病気が治らなかったらどうなるんだろうって。仕事には復帰できないし、どんどん貯金は減っていくし……。住宅ローンもあって……老後もすごく心配になってきます」

塊をほぐして

再構築

なるほど
心配の正体は〜…

> スタッフ「なるほど、心配の正体は、病気が治らなかった場合の経済的なことが大きな要因みたいですね（**塊を再構築する**）。あなたの病気は少しずつよくなっていってますが、やはり完治までにはまだ時間がかかると思います。もしよければ当院のケースワーカーを紹介しますから、相談されてはいかがでしょうか？」

これは、漠然とした心配という言葉の塊がほぐされていき、具体的に病気が治らない場合の経済状態が不安であることが明らかになっています。それらを再び塊を再構築することで患者さん自身へもクリアな認識を促している好事例です。

質問するスキルのまとめ

①オープン型質問とクローズ型質問は相手の緊張度や場の雰囲気で使い分けよう。

②できるだけ過去より未来のことを、否定語句より肯定語句で質問しよう。やる気も人間関係もアップする。

③抽象的な言葉は、その場で塊をほぐして具体化しよう。相手と自分とのイメージのギャップに注意する。

会話例　質問するスキル

スタッフ「はじめまして、担当の●●です。どうぞよろしく」

来訪者「（緊張しながら）あ、はじめまして……○○です」

スタッフ「今日は病院の見学ということで承っておりますが、それでよろしいでしょうか？」（**クローズ型質問**）

来訪者「あ、はい、そうです。よろしくお願いします」

スタッフ「お母様の入院先を探されているのですね」

来訪者「そうなんです。今の病院をあと1か月で出なくちゃいけなくなって……それで探してるんです」

スタッフ「それは大変ですね。ご事情は先方の病院から連絡を受けておりますのでご安心くださいね。こちらの病院については、どのようなところが気になっておられますか？」（**オープン型質問**）

来訪者「はい、母は何しろガンコで神経質なもので、同室の患者さんのちょっとした行為がすごく気になってイライラするんです」

スタッフ「ちょっとした行為といいますと？ 具体的にはどのようなことですか？」（**塊をほぐす**）

来訪者「例えば、患者さんがお見舞いの方と長時間話しているとうるさいとか、夜中にゴソゴソされると眠れないとか、おしゃべりな人がいると耐えられないとか、そう特に音や声にイライラするみたいですね」

スタッフ「なるほど、音や声に神経質なのですね」（**塊を再構築する**）

来訪者「ええ、でもうちは経済的に個室料金を払う余裕がないし……困ってるんです」

スタッフ「わかりました。当病院は2人部屋や3人部屋もございます。まずは見学していただいて、そのあとお部屋料金と援助制度などについても説明させていただきますね。まだ1か月ありますから、何とかご希望に添える方法がないか一緒に考えませんか？」（**未来型質問・肯定型質問**）

来訪者「そうですね。どうぞよろしくお願いします」

4 会話の3ステップ目で「伝える」

1 医療現場では「伝える」ことがいっぱい

　さてここからは、会話の3ステップ目である「伝える」についてお話ししたいと思います。

　医療現場では患者さんに対して情報やアドバイスを「伝える」ことはもとより、スタッフ同士でも、申し送りや指示を「伝える」シーンが多々あります。また新人や後輩を指導していくときにも「伝える」という作業は欠かせません。そのため上手に的確にしっかりと「伝える」スキルを私たちは磨かねばなりません。

　では、「伝える」ためには、何が最も重要なことになるでしょうか？私は「相手のニーズをまず知る」ということだと思います。どんなにすばらしい情報や知識、アドバイスでも、それを必要としていない人にとっては、ただの無用の長物の押しつけになってしまいます。人は本当に自分が欲することにしか、耳を立てないものだからです。

　だからこそ相手のニーズを知るためには、前述してきたスキルで、まず「聴き」、「質問」し、相手のニーズを引き出していくことが基本です。そのうえで、こちらの意見や情報、アイデアを伝えていくことが大切です。

　メディカルサポートコーチングでは「伝える」ことの多い医療者の

ために有効なスキルが複数存在します。知っているのと知らないのとでは、同じことを伝えるのにも、相手に対する伝わり方が、大きく違ってきます。

2　メッセージは、できるだけ「I（私）」で伝えよう

三つのメッセージ

メッセージには基本的に３種類の伝え方があります。
例えば、頑張っている人を褒めるメッセージを伝えるとき、

> A 「あなたは頑張っていますね」
> B 「私は、あなたの頑張りが、とてもうれしいです」
> C 「私たちは、あなたが頑張ってくれるので大変助かります」

これらは、意味としては、同じようなことを伝えています。しかし三つ並べて書いてみると、その伝わり方のニュアンスが微妙に違っていることがわかります。

明らかな違いは、主語が違うところです。

Aは、「あなたは」が主語です。この言い方を **YOU メッセージ**と呼びます。

Bは、「私は」が主語で、**I メッセージ**、Cは、「皆が」「私たちが」といった大きな集団が主語になるパターンで、**WE メッセージ**と呼びます。

このようにメッセージは三つの伝え方があり、それぞれに、明らかな伝わり方の違いが存在します。

例えば薬の内服を拒否している患者さんに、内服するように促す場面でのメッセージを例にあげてみましょう。

> YOUメッセージ
> 「あなたは、この薬を飲んだほうがいいですよ」
> Iメッセージ
> 「私は、あなたにこの薬を飲んでもらえたら、とても安心です」
> WEメッセージ
> 「皆が、あなたにこの薬を飲んでもらいたいと思っているのです」

いかがでしょう。伝わり方の違いを感じてもらえましたか？

YOUメッセージ	Iメッセージ	WEメッセージ
あなたはリハビリをしたほうがいいですよ	私はあなたにリハビリをしてもらってもっとよくなってもらいたいのです	リハビリをしていただくことで、皆があなたによくなってもらいたいと願っています

第1章 コミュニケーションの基本スキル〜メディカルサポートコーチングを用いて〜

▎I メッセージを意識する

　一般に YOU メッセージは、「あなたは、～だ」という言い方になるため、一般的に「断定する」「評価する」「決めつける」といったニュアンスが強くなります。日頃何気なく行う言い方は、YOU メッセージが多いのですが、実はこの言い方は、気をつけないと 100％の気持ちが伝わらないリスクがあります。

　「あなたは、センスがいい」「あなたは、頭がいいですね」「あなたは、活発だよね」と、一見褒めている内容だと、問題ないように感じますが、相手にしてみると、自分が評価されている、決めつけられているといった印象を感じてしまう可能性があります。そうなると、せっかくのメッセージも、十分に伝わっていきません。

　片や I メッセージは、「私は～によって、～と感じた・思った（～という影響を受けた）」という言い方です。この言い方だと、「私が、そう感じる、そうなった」のですから、相手は否定しようがありません。評価されていると感じる余地がないのです。

　ちょっと控えめな言い方に聞こえるかもしれませんが、意図したメッセージが 100％受け取られる安全な言い方です。そのため、コーチングでは、できるだけこの I メッセージで、メッセージを伝えることが奨励されています。

　さらにもう一つの WE メッセージという言い方にはどんな効果があると思いますか？　「私たちは」「皆は」「この病院は」など、複数の人が主語になる言い方です。例えば、「皆が君に感謝している」「あなたが早く出勤してくれるので、この病棟全体が助かっています」といった言い方です。これは、多数の人の意見ということになるので、非常にインパクトが強くなります。主に肯定的なことを伝える場合に限っ

て使うのが無難でしょう。

　逆に「皆がもっとリハビリを頑張ってほしいと言っている」「皆があなたにもっとしっかりしてほしいと思っている」などと否定的なことをWEメッセージで伝えると、相手にとってはかなりのショックになります。否定的な内容を伝えるときには、できるだけWEメッセージは使わないように心がけましょう。

　これら三つのメッセージを意識することが、伝えることの基本になります。日頃から、自分の言い方に注意して、できるだけIメッセージをつくって伝えてみましょう。多少不自然な形になっても真意は伝わるので大丈夫です。

声かけ例　Iメッセージ

「今日も時間どおりに来ていただいてとても助かります」
「リハビリ頑張っていらっしゃるので私も担当としてうれしくなります」
「楽しんでいただいて私もほっとしました」
「もう少しカロリー制限していただくと、担当としても安心なのですが」
「あなたにも会議に参加してもらえると、すごく心丈夫だわ」
「後輩の指導にもっとかかわってもらえると、私もかなり助かるんだけど」

3 承認をたっぷり伝えよう

スキル・承認する

　ここでは、「伝える」ステップにおいて最も大きなスキルである「承認」についてふれたいと思います。この「承認」という行為は、コーチングのどの流派でも大変重要視されています。人間は、どんな人であっても「自分を認めて承認してほしい」と願っているからなのです。あなたもそうだと思いますが、他人からお世辞ではなく真剣に褒められたとき、喜びを感じない人はいませんよね？　褒められるというのは、相手の承認要求が満たされる最高の状態なのです。

　コーチングにおける「承認する」とは、「褒める」ことだけに限るものではありません。「相手のよいところを認める」という気持ちを積極的に相手に伝えていくことすべてを含みます。具体的には、相手の「強み」、「長所」や「成果」、「頑張り」など、ポジティブな面を見つけて承認していきます。コミュニケーションのなかで、このようなことを感じたらすぐに言葉に出して伝えること、それが大切な承認なのです。

　積極的に承認することで、相手の意欲ややる気といったエネルギーを高める効果が得られます。また自分を認めてくれる人には自然と相手も心を開いてくれるようになるので、相手との信頼関係、友好関係がより深まりやすくなります。

　承認する際には、先述のIメッセージ、WEメッセージ効果をどんどん活用してみてください。YOUメッセージで承認するのも悪くはないのですが、「あなたは～だ」という表現であるために、まれに「断

定されている」「評価された」というネガティブな印象をもつ人がいます。そのリスクを回避するためにも、IメッセージやWEメッセージのほうがよりよい承認が可能となるのです。

例えば次のような感じです。

声かけ例　承認

- 「あなたは熱心に頑張ってるね」（YOUメッセージ）
⇒「私は、あなたの熱心な頑張りに感激しています」（Iメッセージ）
- 「あなたのユーモアは楽しいね」（YOUメッセージ）
⇒「あなたのユーモアを聴くと、私は楽しくなって元気になります」（Iメッセージ）
- 「君のその工夫はすばらしいよ」（YOUメッセージ）
⇒「君のその工夫に、私たちもすごく助かっています」（WEメッセージ）
- 「あなたの仕事は正確ですね」（YOUメッセージ）
⇒「あなたの正確な仕事に対し、病棟のみんなが感謝しています」（WEメッセージ）

このように、会話中に「いいなあ」「すごいな」「素敵だな」などと相手のポジティブな面を感じたことは、素直に、そしてすぐに、言葉に出して承認していきましょう。初めはYOUメッセージでもかまいませんので、とにかく声に出して承認するということが大切です。

日本人は、以心伝心という言葉にかこつけて、言葉に出して相手に思いを伝えるということが苦手な人が多いようです。男性は特に照れも手伝って、相手に自分の感激や思いを伝えることに消極的です。特

に上下関係のあるコミュニケーションにおいて、あまり褒めすぎると努力しなくなるなどという理由で、いわゆる「褒め控え」する考え方も残っていますが、そのメリットは、全くありません。

相手の長所、成果、頑張りに対して、心から十分に承認してあげましょう。そのためにも、普段から相手に対して、ポジティブな好奇心をもち、「よい変化」が起こればすぐに気がつくように、見逃さないようにしていくことが、よい承認をするコツだと思います。「温かな好奇心」が、コーチングコミュニケーションでは、不可欠な要素であるといえるでしょう。

4 耳が痛いことは「枕詞」で伝えよう

スキル・枕詞

医療現場では、患者さんにとってうれしくない情報や結果を伝えたり、耳が痛いことをスタッフに伝えるといったシチュエーションも少なくありません。こういったとき、よりスムーズに「伝える」ためには、「枕詞」というスキルを活用してみましょう。

枕詞といっても短歌のそれではありません。ここでいう枕詞は、いわゆる前置きです。具体的にいうと、何かを伝える際、あらかじめ相手に言ってもいいかどうか、許可をとる前置きを入れてから伝えるというスキルです。

まず例をあげてみましょう。

> 「これはあくまでも私の考えなのですが、言ってもいいですか？」
> 「ちょっと耳に痛いことなのですが、今お伝えしても大丈夫ですか？」
> 「参考までに私の体験を話してもいいかな？」
> 「少し混み入った話なのですが、お伝えしてもいいでしょうか？」
> 「大切なお話があるのですが、今からお話してもよろしいですか？」
> 「重要なことを伝えたいのだけど、今いいかな？」

　こんな具合に、まず相手の了解をとってから話し出すというのが、枕詞を使うということなのです。
　このように相手に「話していいか？」と許可を求めると、ほとんどすべての人が「どうぞ」と答えてくれるでしょう。たいていが真剣に許可しているという感覚はなく、社交辞令的な感じで、自動的にYESと答えるだけなのですが、それでいいのです。
　「許可をとる」という一拍を入れることで、相手には伝えられること

を受け止める準備をしてもらうことができます。そして相手は無意識のうちにこちらの話を聴こうと耳を立ててくれます。そのため重要なことを伝える際にも、枕詞を使うと聞き漏らしを減らす効果が期待できます。

また枕詞は、**ショックを緩和する効果**もあるため、よくない知らせを伝えるときにも、意識して使うとよいスキルです。いきなりズバリと斬り込むのではなく、一拍空けて許可をとってから話し出すことを心がけると、感情的な会話になるのを防ぐことができます。

医療現場では、がん告知を代表に、悪い知らせを伝えなければならないことが、たくさんあります。そんなとき、この枕詞をぜひ使用してみていただきたいと思います。

枕詞をアクセントとして使う

またこういった「許可をとる」という枕詞のほかに、軽い枕詞を入れるという方法もあります。許可をとるまでいかなくても、軽い枕詞を使うだけで、ちょっとしたアクセントになり、次の言葉がスムーズに伝えやすくなるという効果が生まれます。

具体的には次のような言葉です。

> 「これは私の意見なのですが」
> 「参考までにお話しますが」
> 「間違っているかもしれないのですが」
> 「すでにご存じかもしれませんが」
> 「お忙しいのは重々承知しているのですが」

こういった枕詞を初めにつけることで、次に続く言葉が、ぐっと受け止められやすくなります。日常さりげなく使っていることも多いと思いますが、ぜひメッセージを伝えるスキルとして効能を意識して活用してみてください。相手へのメッセージの通りが非常によくなることに気づかれると思います。

5 長引く話をいったん止めたいときに（スキル・一時停止）

スキル・一時停止

ここではもう一つ、先の「枕詞」に関連するスキルをご紹介します。それは**「一時停止する」**というスキルです。これは、文字どおり、相手の会話を一時ストップさせるスキルです。

「聴く」ステップのスキル「ゼロポジション」のなかでは、人の話を最後まで聴きましょうと書いたのですが、コーチングでも相手の話の途中で割って入り、話を中断させることが実は存在します。

どういったときに行うかというと、まず一つは明らかに相手が話すべきテーマから軌道をはずれ、だらだらと意味のない話に時間を費やしていると判断したときです。具体的な例をあげてみましょう。

> 「話の途中で失礼ですが、そろそろ過去を振り返るのはやめてこれからの話をしませんか？」
> 「申し訳ないけれど、この辺で組織を批判するのはやめて、これからどうかかわっていくか考えましょう」

このようにちょっと断りの枕詞（下線部）を入れていくと、一時停止しやすくなります。
　このとき一時停止のスキルを使う際のポイントは、あくまでも相手のことを考えて話を遮るということです。愚痴や言い訳をしゃべっているときは、話し手も心のどこかでわかっているもので、こちらの一時停止に意外とあっさり応じてくれます。
　またこのスキルが有効なもう一つのシチュエーションは次の予定が迫っていて、どうしても相手の話を中断しないと支障が生じるおそれがあるときです。例えば外来やベッドサイドなどで次の予定が押しているのにもかかわらず、一人の患者さんがだらだらと世間話を続けるので困る場合がありますよね。
　そんなときは、枕詞を活用して「大変すみませんが、今日は時間がこれ以上とれませんので、次回に聞かせていただけますか？」「申し訳ありませんが、次の方の予約時間が来てしまいましたので、一度終了させてください」などと上手に意思を伝えてみてください。

上手に印象よく一時停止するには、相手の話す文章の途中ではなく、一文節が終了するときにすべり込ませるのがコツです。いくらだらだらと話し続ける人でも、2分も3分も際限なく一文を長く話すことは不可能で、必ず文章の切れ目があるものです。
　「話の腰を折るようで、申し訳ないのですが」「お話の途中ですみませんが」などと枕詞を使って、言いにくいことをできるだけなめらかに伝えてみてください。

6 相手に強く「要望する」ことも時には必要（スキル・要望する）

スキル・要望する

　さて、「伝える」ためのスキルを、もう一つご紹介しておきましょう。「要望する」というスキルです。
　相手の自主性を引き出すことを主眼においたコーチングコミュニケーションでは、こちらからの意見やアイデアを押しつけることは、極力控えるのが基本です。
　しかし時には、自分の経験や専門的立場から考えて、「こうしたらうまくいく」という行動が明らかならば、それらを相手に要望することも必要です。それが、文字どおり「要望する」というスキルです。
　「〜したほうがいいよ」というだけなのに、わざわざスキルなんて言葉を使うのは大袈裟な！と思われるかもしれませんが、要望する際には、今までのコーチング的アプローチを台無しにしないための、コツがあります。

まず、要望する際には、必ず、これは要望であるということを伝えます。「私から一つ要望があります」「これはあくまでもこちらからの要望なのだけれど」とはっきりと枕詞で明示するのです。そのことで、あとに続く言葉の重要性を際立たせることができます。

　そして、要望する内容を簡潔に伝えます。できるだけ具体的な「行動」を要望するように心がけるのです。例えば、「これは担当スタッフとしての要望なのですが、できれば毎週通院していただきたいのです。できますか？」「私から一つ要望があります。あなたが適任だと思うので新規プロジェクトの責任者をやってほしいのです。引き受けてくれますか？」といった具合です。

　具体的な行動というのは、やったかどうか確認が可能である行動のことを指します。例えば「もっとたくさんやる」とか、「より成果をあげる」といったような、はっきりと測定できない行動を要望する言い方は、避けます。

　なぜかというと、相手がその要望を「受け入れる」「拒否する」という行動の選択ができるようにするためです。コーチングは相手の自主的な行動を引き出すのが基本です。ですから要望した行動には、必ず相手が「する」「しない」を選択する権利を認め、要望する側も自分の要望に固執しないという姿勢が重要です。相手が「拒否」を選択したら、潔く引き下がること。そこで、執拗に勧めると、それは「強制」や「押しつけ」になってしまいます。

　そのため要望するときには、必ず、相手に「受け入れる」か「拒否する」かどうか、**選択する権利があることを伝えておくことが必須**になっています。

　先ほどの会話例を使うと、次のようになります。

> 「もしどうしても毎週通院するのが無理なら遠慮なくおっしゃってください」
> 「責任者を引き受けるかはあなたの自由なので無理はしなくていいのよ」

ただし、どうしても受け入れてもらいたい要望の場合は、その旨もきっちりと伝えておきましょう。

> 「これは私たちスタッフからの要望ですが、ここでは携帯電話は使用しないでいただけますか？　これはどうしても聞いていただきたいお願いです」
> 「チームリーダーとしての要望ですが、会議を欠席するときには必ず事前に連絡をください。これは必ず守っていただきたいルールです」

こんなふうに毅然とわかりやすく要望を伝えることも命や健康を預かる医療現場には必要です。上手な伝え方で率直に要望できるように頑張りましょう。

7 コミュニケーションの最後にはできるだけ確認を（スキル・まとめと同意）

スキル・まとめと同意

一つのコミュニケーションを終了するとき、もしくは一つの話題からほかの話題に移ろうとするときには、できるだけそれまでの会話の

内容の確認を心がけていきましょう。そのためには、「まとめと同意」をスキルとして意識してみましょう。

　今まで解説してきたようにコーチング的アプローチでは、じっくり**「聴く」**ことによって相手の気持ちを受け止め、そして**「質問する」**ことでさらに相手の思いやアイデアを引き出すように心を配ります。そして自分の感じた気持ちや、意見、相手に有用だと思われる情報を**「伝える」**スキルを使って有効に相手の心に届けます。

　相手のなかには、この一連のコミュニケーションによって、混沌としていたものが明確化したり、整理できたり、もしくは何らかの気づきを得るという変化が多少なりとも起きています。

　そこで一つの会話のエピローグには、そんな会話の内容をもう一度理路整然とまとめあげて、相手にその内容でいいかと同意を求める「まとめと同意」のスキルを使うことが大切です。

　これによって、相手と自分の双方で「この場で、こんな内容のことを話し合った」というお互いの理解度を確かめ合い、記憶を鮮明に残しておくことが可能になってくるのです。

　しかし会話の内容全体を、ああいった、こういったと、くどくどと最初から言い返す必要は全くありません。目標や行動を明確化することに重点をおいたコーチング的会話をまとめていく大切なポイントは、**「これから、どう考えて、どう行動するか」**ということが中心になってきます。具体的には、現在から未来にかかわる内容に焦点をしぼりながら、会話を総まとめして、相違がないかどうか相手の同意を得ることを試みていくのです。

　以下に例をあげてみましょう。

> **会話例** 「入院での治療をするかどうか」について
> 治療スタッフと患者さんとの話し合いの席で
>
> **スタッフ**「最後にもう一度確認したいのですが、あなたはこの治療が自分にとってプラスだと納得され、体力が落ちないならば受けてみると決心された、ということですね。仕事の引き継ぎをしたあと、来週の月曜日から入院したいということですね」
>
> **患者さん**「はい、そのとおりです。思い切って入院したうえで治療を受けてみようと思います」

　こんなふうに、会話のなかで大切な箇所だけ抜粋してまとめ、それを相手に投げかけて確認してください。その際、相手に「もう一度確認したいのだけれど」「話をまとめてみると」といった枕詞を使って、今から会話のまとめをすることを必ず最初に伝えるとより効果的です。枕詞を使うことで、相手は「今から大切なまとめだ」と耳の感度

を上げてくれる効果があります。

　スキルとして意識しないまでも、私たちは、複雑な話のあとは、こういった「まとめ」を自然に行っていることが多いと思います。それをスキルとして意識し徹底していくことで、会話内容の再確認と相互の誤解防止に役立ちます。あとで「そんなこと言ってない」「そんなつもりではなかった」というトラブルを回避するためにも、重要な話し合いであればあるほど、この**「まとめと同意」**のスキルを意識して使うことをお勧めします。

伝えるスキルのまとめ

①とにかく毎日、たっぷりの承認を心がけよう。できればⅠメッセージで！

②言いにくいこと、聞き流されたくないことは、枕詞でワンクッション入れて伝えよう。

③時には毅然と「一時停止」や「要望」も！　スキルを使って上手に賢く伝えよう。

④会話の最後には「まとめと同意」を。誤解の防止、意思確認に重要。

会話例　伝えるスキル

スタッフ「明日、いよいよ退院ですね。おめでとうございます。○○さんが頑張って闘病されたので、私も担当としてすごくやる気を感じていたんですよ」（Ⅰメッセージで承認）

患者さん「そうですか、それはうれしいなあ。リハビリ頑張った甲斐があったよ」

スタッフ「本当に熱心に取り組まれていて、私たちもとてもうれしかったんです」（**WE メッセージで承認**）

患者さん「退院してからもリハビリを続けたほうがいいって聞いたから、また外来のときに来させてもらうよ」

スタッフ「楽しみにお待ちしております」

患者さん「でも仕事に戻ると忙しいから、きっちり1週間に一度は来られないかもね」

スタッフ「○○さん、これは私どもからの要望ですが、退院後2か月は毎週、外来の診察とリハビリは続けていただきたいのです。せっかくここまでよくなったので、もう少し集中してリハビリを続けられたほうが関節の機能回復には絶対によいのですよ」（**要望する**）

患者さん「そうか、じゃあ頑張って来させてもらうよ」

スタッフ「もう一つ大切なお願いがあるのですが、よろしいですか？」

患者さん「はい、どうぞ」

スタッフ「リハビリが終了しても、外来は先生がいいというまで必ず定期的に通っていただきたいのです。まれに症状が悪化される方がありますので、定期的な観察が必要なんです」

患者さん「わかりました。勝手に通院をやめたりしないから、安心してよ」

スタッフ「ありがとうございます。それでは退院後2か月は週1回の通院とリハビリ、そしてそのあとも定期的に外来通院は続けていただくということで、ご納得いただけたのですね？」（**まとめと同意**）

患者さん「うん、それでいいよ」

5 応用編・目標達成のためのコーチング

1 目標達成も3ステップで考えよう

　今までは、あらゆるコミュニケーションのベースとなる会話の基本を、「聴く⇒質問する⇒伝える」の3ステップに分けてご紹介してきましたが、ここからは、応用編です。応用編では、コーチングが得意とする「目標達成法」を解説していきたいと思います。

　医療現場では、慢性疾患の闘病、リハビリテーション、食事などの生活指導など、健康に関する目標を達成するためにサポートしなければならない場面が多々ありますよね。

　コーチングの流派によって目標達成法の基本理論はさまざまですが、私の提案するメディカルサポートコーチングでは、最大限にシンプル化して3ステップにまとめています。

　この目標達成理論は、基本スキルを理解し終わった方ならば、誰でも簡単に理解し実践することができます。また他人だけではなく、自分自身の個人的な目標達成のためにも応用することが可能です。ぜひマスターして、公私両面にわたって活用していただきたいと思います。

　メディカルサポートコーチングでは、目標達成のサポート法も3ステップで考えることをお勧めしています。山登りにたとえながら解説していきましょう。

- 第1ステップ「マイ・ゴールの設定」

　登りたい山の頂上を具体的に決定する作業です。まず、どの山に登るか（ゴールの場所）、なぜ、その山に登りたいのか（志）を明らかにしなければ、力強い行動をスタートできません。このステップではゴール地点の具体化と、志の確認を行っていきます。

- 第2ステップ「マイ・アクションプランの設定」

　ゴールに設定した登りたい山の頂上に対する自分の現在位置を把握します。そして、どのルートで何を準備して登山するのかという具体的なアクションプラン（行動プラン）を立てていきます。目標を達成するために必要な材料、人、時間、情報など、じっくりと検討、用意をし、行動する内容を計画していくステップです。

- 第3ステップ「行動をサポートする」

登りたい山の頂上（マイ・ゴール）が決まり、具体的な登山計画（マイ・アクションプラン）が決まると、当然、登山（行動）がはじまります。しかし行動ははじまったばかり。いつ頓挫するかわかりません。目的の頂上に達するまでしっかりサポートしていくことも重要なコーチングです。

この3ステップごとにそれぞれの手法を詳しく解説していきます。

2 第1ステップ「マイ・ゴールの設定」のために

まず第1ステップとして考えていくことは、ゴールをクリアにすることです。これを「マイ・ゴールの設定」と呼んでいます。あらゆる目標には、到達したい目的地やゴールが存在しますが、ここではあえてゴールの前に、「マイ」をつけています。

なぜならば、他人の設定したゴールでは本当の力強い行動力や継続力が生まれないからです。逆に自分が本当に達成したいと願うゴールであれば、本人も驚くほどのやる気や実行力が出てきます。そのために「マイ」がついているというわけです。

ここでは、どうやってマイ・ゴールを設定し、具体化していくかということを、スキルとしてまとめながら説明していきましょう。

まずは、相手をやる気にさせる

　マイ・ゴールの設定を行っていくためには、まず相手がその物事に取り組もうとするやる気を感じなければなりません。山登りをしようと思わない相手をいくらサポートしても、登りたい山頂を決定することはできませんよね。コーチングでも同じことなのです。

　そのためには、「自分にとってこの事柄に取り組む必要が本当にあるのかどうか」を明確にすることが、必要になってきます。

　例えばダイエットに取り組む際、自分はどうしてダイエットしたいのかを明確にしている人ほど、成功率が高いというデータが発表されています。「何となくやせないと健康に悪そうだから……」という漫然とした動機ではなく、「自分は、標準体重になることで生活習慣病の予防をしたい、いつまでも健康で孫の顔を見るまで長生きしたい。だからダイエットするんだ」などと、自分自身の動機づけ、意義づけができている人のほうが、やる気が継続し成功するのです。この動機づけを明確にし、やる気を高めていくためには、次のようなコーチングスキルを意識して対話していきましょう。

スキル・メリット・デメリットを具体化する

　動機づけを具体化し、やる気を生み出すために、まずその目標に取り組むための「個人的なメリット」をしっかり意識化しなければなりません。ここで重要なことは「個人的な」ということです。例えば「グループのために」「病院のために」とか、「他人が喜ぶから」といった他者重視のメリットではなく、自分個人にとってどんなメリットがあるのか？　が最も大切なのです。なぜなら人間は、自分自身に本当に

メリットがあるとわかると、やる気が自然に高まってくるからです。そのため個人レベルに落とし込んだメリットを意識することが大切です。

また同時にデメリットも明らかにしておくことが大切です。デメリットがクリアになれば、その物事に取り組む前に感じる、漠然とした不安や恐れが解消されていきます。新しいことにチャレンジするときには、どんな人も、漠然とした不安を感じやすいものですよね。ですが具体的なデメリットには、具体的に対処することができるので、その不安感も減少させることができるようになるのです。

このスキルでは、その物事に取り組むための個人的なメリット・デメリットを思いつくかぎりあげてもらいます。何かに取り組もうかどうかを決定する際、人は頭のなかで漠然とこの作業をしているものですが、自分一人で考えているだけでは、堂々巡りになっていたり、不完全なまま終わっていたりすることが多いものです。それをコーチ役の他人と一緒にすることによって、明確化し、具体化していくことができるようになるのです。

まずコーチ役のあなたから、「そのことを成し遂げるメリットは何が浮かびますか？　どんな些細なことでもいいので、あげてみてください」「逆に、そのことに取り組むデメリットは何か？　感じるままにあげてください」といったオープン型質問（37ページ参照）を投げかけてみましょう。

このスキルは、相手と対話形式で口頭で行ってもいいのですが、お勧めは紙に筆記していく方法です。まず、紙を二つに折って、右上にメリット、左上にデメリットと書いていきます。そして、そのことに取り組むことで得られるメリットとデメリットを書き出してもらうのです。書き出していくという作業をすることで、頭のなかの整理を促

す効果があります。

　このようにしてメリット・デメリットを出し尽くしたところで、その事柄に取り組むかどうかについて再度、相手に尋ねてみてください。きっと相手は「やります」宣言をしてくれると思います。

　逆にこの作業をすることで、メリットが少なくデメリットが多いことが判明し、「しない」という結論が出るかもしれません。そのときは、できるだけ相手の意思を尊重して受け止めてあげるよう努力しましょう。人間は、やる気のないことを強制されて行っても成果をあげることができません。どうしてもしなければならないことの場合は、もう一度、メリットを見つけられるように、コーチ側からメリット探しにつながるアドバイスや情報を提供してあげる必要があります。

　本スキルは、ミーティングやスタッフ指導などで、何かの課題について取り組む場合などは、グループワークとして行うこともできます。

　まず大人数の場合は、10名前後のグループに分けます。そして、その課題を行うメリットとデメリットについて、思いつくかぎり片っ端からあげていってもらいましょう。「メリット・デメリット探しゲーム」という感じで楽しく行うのがコツです。

　ただし唯一のルールは、他人が言った意見は、それがどんな些細なメリット・デメリットであっても、否定しない、文句をつけないということです。自由な気持ちから生まれる意見からは、意外なアイデアが引き出せることも多いのです。文句をつけられたり否定されると、気軽に口にできる雰囲気がなくなってしまうため、このルールは徹底してほしいと思います。

　このようにしてゲーム感覚で引き出されたメリット・デメリットは、グループごとに紙に書いて発表し、各グループ間で共有してもらいましょう。ほかのグループから出た斬新な意見に、はっとすることもあ

るだろうし、各グループに共通するメリットが浮かび上がるかもしれません。

　最後に、それらのメリット・デメリットから、自分自身が個人的に納得するものを選び出して、個人個人、紙に書き上げてみてください。自分レベルに落とし込むことができたメリットは、やる気を生み出す源となります。

　この「メリット・デメリットを具体化する」スキルに基づいて、納得して書き上げられた個人的なメリットこそが、その行動の目標となる、「マイ・ゴール」となり得ます。「私は、○○というメリットを得るために、○○をする」という、やる気に満ちた表現ができてこそ、マイ・ゴールなのですから。

マイ・ゴールの具体化

　さらに意欲をアップさせるために、マイ・ゴールを魅力的に具体化しましょう。

　しっかりとメリットを具体化できた「マイ・ゴール」が設定されたところで、次に行うことは、さらにゴールを魅力的に具体化していくことです。山登りでも、山頂から見える景色のすばらしさや、達成したときの爽快感が具体的に想像できればできるほど、頑張る意欲がわいてきます。

　これはあらゆる目標達成についても、同じことです。マイ・ゴールに到達したときのすばらしさを具体的に想像できればできるほど、その達成率は飛躍的にアップしていくのです。

　では、そのためのスキルをご紹介しましょう。

スキル・イメージング

　本章の冒頭（12ページ）でもふれましたが、イメージングというのは、その名のとおり、自分が、行動によって生まれるメリットを、実現した姿をイメージしていく作業です。自分がマイ・ゴールにたどり着いた姿を詳細にイメージすることで、意欲がさらにアップしていきます。

　スムーズなイメージングを成功させるためには、「ビジュアル化する」と、「モデリングする」という、二つのポイントから行うとうまくいきやすいと思います。

①ビジュアル化する

　メリットを達成した自分の姿を、まるで鮮明な映像のように、ビジュアル化してもらいましょう。コーチ側は、この映像がうまく浮かび上

がるように、以下のようなオープン＆未来＆肯定型の質問をしていってください。

> **質問例　オープン＆未来＆肯定型**
>
> - 「そのゴールを達成したあなたは、何を思うでしょう？　どんな気分？」
> - 「ゴールを達成したとき、あなたは、どんな顔つき、表情をしていますか？」
> - 「ゴールを達成したことを、誰に話しますか？　その人は、何と言ってくれるでしょうか？」
> - 「ゴールを達成したあなたの生活は、どこが変化しているでしょうか？」
> - 「ゴールを達成したあと、あなたは、どんな人に囲まれていますか？　誰からどんな言葉をかけられていますか？　誰と何をしているでしょう？」
> - 「ゴールを実現したあなたに、周りの人はどんなふうに変化するでしょうか？　具体的に名前をあげて、想像してみてください」
> - 「あなたは、その反応をみて、何を思うでしょうか？」

このような質問を行うことで、相手は、クリアでビジュアルな映像として、詳細にイメージをもつことが可能になってきます。コーチングでは、マイ・ゴールが鮮明になればなるほど、ますます**実現したい**」「**そんなふうになりたい**」という意欲を高めることができるとされています。またコーチングの源流の一つである成功哲学では、「物事を成功させたいと思ったら、成功する前から、成功した暁の自分や環

境を詳細にイメージしなさい」と異口同音に語られているのです。

　個人対個人の場合は、直接口頭で質問しながら、イメージをふくらませてもらうのがベストです。コーチ役は、相手の想像するワクワクした未来の姿に、大きくペーシングしながら、共感していくと効果がアップします。

　コーチ一人に対して対象となる人が複数の場合は、ビジュアル化するための質問を書いた紙を渡して、書き込んでもらいましょう。または、コーチが質問を読み上げて、グループごとに話し合ってもらうというスタイルもよいでしょう。この場合も、先述したのと同じく、他人が言った意見に、批判的、否定的なことは絶対に言わないというのが、大切なルールです。

②モデリングする

　ビジュアル化する際、一緒に行ってもらいたいのが、モデリングというスキルです。

　これは名前のとおり、マイ・ゴールを達成している実際のモデルを設定するという方法です。自分があげたメリットをすでに実現していると思われる、モデルとなる人物・理想像を見つけると、イメージングがさらに強化されていきます。

　例えば、すでにゴールを実現している身近な先輩や知人があれば、その人をモデルに設定しましょう。マイ・ゴールの種類によっては、テレビなどに出てくる有名人、歴史上の人物、架空の物語上の人物なども、モデルとして設定可能です。

　モデルが設定されると、次のような作業を行って、さらにモデルを具体的に分析するとよいでしょう。

- モデルが身近な人の場合、実際にインタビューに行ったり、知っている人に詳しく聞いてみる。

例）来年の夏に杖歩行ができるようになることをゴールにしたYさんは、実際に同じリハビリルームで目標を達成した人を紹介してもらい、話を聞くことにした。

- 身近な人でない場合は、その人について調べてみる。

例）糖尿病の食事療法をすることになったTさんは、実際に食事療法を成功した人が書いた本を紹介してもらい、読んでみることにした。

- モデルの写真や絵が手に入る場合は、実際に切り抜いて、目につくところに貼って毎日見る（手帳や、机の前の壁など）。コラージュ法といって、毎日意識化をすることは、目標達成の成功率を上げる。

- モデルとの差を、列挙してみる。そして、できるだけモデルのまねをしてみる。形から入ることも、目標達成のうえでは、非常に効果的である。

例）素敵な笑顔で患者さんに人気のあるスタッフの先輩Oさんをモデルに設定したTさんは、Oさんとの違いとして、穏やかな表情、低めでゆったりした声のトーン、自分よりゆっくりしゃべるスピードという違いを発見した。さっそく翌日から、Tさんはできるだけまねしはじめた。

マイ・ゴールを毎日意識化→意欲の継続

　イメージング、モデリングを行うことで、自分のマイ・ゴール達成への意欲がどんどん強化されていきます。このようにして意識化されたマイ・ゴールは、そのままにしておかずに、毎日頭にすり込むこと

が大切です。目標を立てただけでは、当初感じていたやる気や意欲の高まりも、日々の生活の忙しさにとりまぎれてしまうと、次第に弱くなってしまいます。やる気や意欲を常に継続していくことが、物事の達成には不可欠なのです。頭のなかに常にマイ・ゴールをクリアに意識づけしておくためマイ・ゴールを紙に書き留めて毎日読む、写真や絵を使ってコラージュして毎日眺めるといった工夫をお勧めします。

　例えば、メモ帳を毎日見る人ならば、メモの背表紙の内側にマイ・ゴールを貼り付ける。もしくは、毎日、絶対に目に入るところ（ベッドや鏡の横や、ロッカーの扉）にマイ・ゴールを大きな紙に書いて貼り付ける、といった方法も有効です。

　文字を読むのがピンと来ない人ならば、モデルにしている人の写真や、イメージングしたマイ・ゴールに近い景色や状況を紙に貼り付けて、コラージュするのもお勧めです（例えば、ダイエットを目標に掲げたら、自分が目指す体型のタレントの写真や、ダイエット後に着て

みたい服の写真を貼り付けるなど)。

このように毎日マイ・ゴールを意識化していくと、どんなときでも脳にすり込まれているために、やる気や意欲が継続しやすくなっていくのです。

❸ 第2ステップ「マイ・アクションプランの設定」のために

マイ・ゴールがクリアに具体的に設定することができたら、次に行うステップは、アクションプランをつくるという作業です。

これは、マイ・ゴールが目指す山の頂上だとすると、その登山方法を詳細化する作業にあたります。頂上へ行き着くために、どうやって登山を進めていくか？　登山ルートは？　準備する物・情報は？　という具合に、どんどん具体化していきましょう。

このアクションプランの設定も、一般論ではなく「**マイ・アクションプラン**」でなければなりません。その人の好みや体力、ライフスタイル、行動パターンに合った方法で、プランをつくらなければ、途中で挫折するからです。

例えば、ある資格の勉強を例にあげると、パソコンが苦手な人に、「毎日パソコンに入力してまとめましょう」というアクションプランを立てても長続きしませんよね。医療器具の使い方をマスターしてもらうために、文字がびっしり書かれた資料を手渡しても、文章を読むのが苦手な人には理解してもらえないでしょう。これらからもわかるように、一人ひとりの個性、好みをコーチングで引き出し、マイ・ゴールに向かう最適なマイ・アクションプランを立てることが、行動を継続するためには必須なのです。ここでは、そのためのコーチングアプ

ローチを、ご紹介していきたいと思います。

現在の自分から、ゴールまでの距離を把握する

　マイ・アクションプランを立てるために、まず必要なことは、現在の自分と、ゴールまでの距離の把握です。今、自分がいる地点と、目標とするゴールまでに、どのくらいの距離や開きがあるのかを理解しないことには、具体的な行動計画は立てられませんよね。
　この作業をするときに便利なスキルが、「数値化する」というスキルです。

スキル・数値化する

　物事を達成するときには、あとどれぐらい頑張ればゴールに到達できるのか？　という具体的な数字の目安があればわかりやすく意欲がわきます。しかも、その指標が、「もう少し頑張れ」とか「もっと全力を尽くせ」といった抽象的なものより、「あと何％アップするまで」とか、「○点アップさせよう」といった具体的な数値であればあるほど、把握しやすくなるのです。
　そのため、コーチングでは、あらゆる物事に対し、ゴールからみた現在の状況を数値化してとらえることを意識的に行います。必ずしも、それが正確なものでなくても、現在地から頂上までの距離がイメージとして把握することができるようになります。また目標達成のためには、最も大切な１歩目の行動が設定しやすくなります。
　具体的には、次のような数値化する質問を投げかけていくことを試みましょう。

質問例1　「％」で、数値化

「マイ・ゴールを達成した状態を100％とすると、今は何％ぐらいでしょうか？」

「10％その差を縮めるためには、どんなことが必要ですか？」

「そのために、必要な情報や、資料は何ですか？　助けてくれる人や物はありますか？」

質問例2　「点数」で数値化

「あなたの理想の姿が、100点だとすると、今は、何点くらいでしょうか？」

「点数が低い原因・要因は何ですか？」

「その点数を、まず10点アップするためには、何ができるでしょうか？」

5　応用編・目標達成のためのコーチング

> **質問例3　登山で数値化**
>
> 「あなたの理想のゴールを、登山の頂上にたとえると、現在地は何合目ですか？」
> 「これから登山していくために必要なことは何ですか？」
> 「1合頂上に近づくためには、何をしたらいいでしょうか？」

　このように数値化してみることで、現実把握ができるし、自分に足らざるものが数値として部分化しながら具体的に把握できていきます。その結果、ゴールに向かう行動も数値としてとらえることができるようになるのです。具体的な第1歩を決めることができれば、行動を非常にスタートしやすくなります。千里の道も一歩から。まずは1歩相手を踏み出させることが、大切なのです。コーチングでは、**「行動が行動を呼ぶ」**とよく言われます。目標に向かう第1歩をいかに踏み出しやすくするかが、目標設定の成否を左右するといっても、過言ではありません。

マイ・アクションプランの実行を宣言する

　「数値化する」スキルを使って、まず最初の1歩のマイ・アクションプランを立てることができたら、必ず行動の実行を宣言してもらいましょう。人間には、自分に対する約束は簡単に破るが、他人に対する約束はなかなか破ることができない傾向があります。そのため、行動を他人に宣言することが、その**実行率を効果的に高めること**につながっていきます。コーチングでは、これをスキルとして活用します。

スキル・行動宣言

　コーチ役は、必ずマイ・アクションプランを立てた人に対して、次のような4ポイントからなる行動宣言を求めます。

> あなたは「何をしますか？」
> それを「いつからやりますか？」
> 「いつまでに、完了させたいと思いますか？」
> 「その結果を、私に、いつ、どこで報告してもらえますか？」

　この4ポイントについて、できるだけ相手に宣言してもらい、公言化させてください。ダイエットや禁煙などは、主治医だけではなく、家族や友人など、公言化できる人にはできるだけ行動宣言することを促しましょう。

　そしてあらかじめ、結果や状況を報告してもらえる日を設定しておくことを心がけてください。例えば、患者さんに対しては、「〇日後の外来にて、状況を報告してください」「次の回診のときに、感想を教えてくださいね」などと、声をかけておくとよいでしょう。スタッフや後輩に対しては、物事によっては、「その行動を完了したら、メール入れておいて」「一度やってみたら、まず電話で教えてくれる」といった方法も効果的です。

　個人レベルだけではなく、グループで何かに取り組む場合にも、このスキルは効果があります。進捗状況を聞く報告会を、あらかじめ設定しておくことで、**個人個人の行動を確実化する**ことができるからです。

4 第3ステップ「行動をサポートする」ために

　目標達成のために、第1ステップでは、マイ・ゴールを決定し、第2ステップでは、具体的なマイ・アクションプランを設定しました。そして、行動の第1歩がスタートしたとします。では、次には、何を目指したらよいのでしょうか？

　第3ステップでは、その第1歩目の行動を、いかに第2歩目、第3歩目と継続させていくかというサポートの段階に入っていきます。やる気を維持して行動を順調に継続してこそ、目標達成が現実化するのです。コーチングでは、行動をサポートするという行為が最も重要なかかわりになってくるといっても過言ではありません。そのために必要なポイントとスキルをご紹介していきましょう。

定期的な行動サポートのシステムづくり

　前項の「第2ステップ「マイ・アクションプランの設定」のために」（84～85ページ）でも解説しましたが、人が行動を継続するためには、自分以外の他人への公言化が大きな影響力をもっています。

　「○○さんと～することを約束した」「○日に行動の結果を報告することになっている」という気持ちがあれば、行動が起こりやすく続きやすくなります。このことから、コーチング的にかかわっている間は、定期的に行動の進捗状況を報告するシステムづくりをあらかじめ行っていくことが、行動サポートの基本となります。

　コーチングではサポートしていくための最適な間隔は、行動をはじめたばかりの頃ならば、1週間間隔が一般的に適当だと言われています。2週間だと少し長すぎて、何かアクシデントやトラブルが発生す

ると行動をやめてしまうかもしれず、逆に1週間以下なら成果が十分に出ず焦らせる原因になるからです。ただし、これはあくまでも目安であり、行動の性質や状況によって柔軟に設定してください。

　報告は、対面で行ってもいいし、多忙な場合は電話でもよいです。やむを得ない状況の場合は、メールでもかまいませんが、相手の感情や雰囲気、本音がメールでは読み取ることができないため、あまり好ましくありません。メールを利用する場合も、1か月に1回程度は、電話などで直接声を聞くように心がけましょう。

効果的なサポートスキルを意識

　行動の報告を受け取り、効果的にサポートしていくためには、相手

を支持的に受け止めて、やる気を継続させていくテクニックが必要です。基本的なテクニックを説明していきます。

①ゼロポジションでまず相手の話を聴く

　まずは、ゼロポジション（26ページ）を心がけて、相手の言葉をそのまま受け止めるように聴いていきましょう。約束どおり行動が実行されていない場合は、「なぜできなかったの？」と思わず言ってしまいそうになりますが、それはグッと抑えておき、まずは相手の言葉どおり報告内容、1週間の経過を、じっくりとゼロポジションで「聴く」ことを行います。ペーシングやおうむ返し、うなずき・相づちなどのスキルをもう一度、反芻していただければベストです。

②必ず行動の承認をする

　基本スキル「伝える」でふれた「承認する」を思い出してください（55ページ）。人のやる気は、指導的な立場にある人から、承認されればされるほど高まっていきます。たとえ結果が伴っていなくても、行動に取り組もうとした姿勢だけでも、まずは承認することを心がけましょう。行動宣言どおりにマイ・アクションプランを完了できている場合は、さらに大きな承認を与えてあげてともに喜び労をねぎらってください。

③できていないこと、うまくいかなかったことは、その原因を前向きに分析する

　もし行動が失敗した、もしくは実行できなかったとしたら、それを責めないようにします。うまくいかなかったことは、すべて次回の行動を成功させる貴重な情報となると考えましょう。相手と冷静に分析

しながら、次回に活かそうとする前向きな姿勢をコーチ役から示していくことが大切です。

このとき、次のスキルを使うとうまく分析することができます。

●スキル・「なぜ」ではなく「何」で聞く

「なぜ、できなかったの？」と聞かれると、人は「すみません」という謝りを求められていると感じてしまうことが多いものです。つい言い訳が多くなるのもこのためです。

「できなかった原因は、何だと思いますか？」

「効果が出なかった要因は、何だったのでしょう？」

といった、人を主語にもってこない、物事を主語にした言い方を意識しながら聴くと、批判や非難といったニュアンスが回避できます。

冷静にできなかった原因を分析し、次に活かしていくためには、「何」を意識して原因を分析していくのかが大切なのです。

④未来型質問を多用して、視点を未来にもっていく

基本スキル「質問する」のスキルを復習してみてください（42ページ）。行動ややる気をさらに促すためには、未来に焦点がある未来型質問が有効です。これを活用してください。

> **質問例** 未来型質問を使って
>
> 「これからは、どんなことができると思いますか？」
> 「今回の失敗から、次はどうしたらいいと考えられるでしょう？」
> 「さらに成果をあげていくためには、何をしたらいいと思う？」

このような感じで、未来へ未来へ視点を促していくのが、自発性ややる気を生み出すポイントとなります。

スランプに陥ったときのサポートのコツ

　どんなに真面目な人でも、どんな目標達成行動であっても、スランプに陥る可能性が潜んでいます。今までと同じような行動をしていても、思ったように効果が出なくなったときは、どのようにアプローチしたらいいのでしょうか？
　そんなときには、以下の二つのスキルを活用してみましょう。

スキル・視点を転換する

　物事がうまくいかなくなってくると、雰囲気が陰鬱になり、否定的なものの見方をしがちです。話す内容も愚痴や言い訳が増えてくるし、いわゆるマイナス思考が多くなってきますよね。そんなときには、次のようなメッセージを送って、ポジティブ思考へと視点を転換してみることに誘導してみましょう。

> **声かけ例**　視点を転換して
>
> 「うまくいかなくなった原因は、何でしょうか？　それを改善することこそが、目標達成をするための大切な材料になると思います」
> 「うまくいかないのは、あなたに能力や才能がないのではなくて、方法が合わなかったのかもしれません。これはほかのアプローチに切り替えるチャンスだと考えましょう」
> 「今までのやり方が通用しないということは、大きな転機を迎えていると考えましょう。新しいやり方を見つける段階にステップアップしたのだと思いますよ」

スキル・過去の成功体験を思い出す

　スランプに陥ったとき、視点を変えることに成功したあとは、マイナス思考パターンが改善しはじめます。視野が広がり、心に余裕が生まれてきたら、次にはスランプから脱する計画を立てていきましょう。

　こんなとき、よく使うスキルが、過去の成功体験を思い出すというスキルです。コーチングでは、あまり過去に視点を向けないことが多いですが、この成功体験に関してはどんどん活用していきます。

　それは過去にうまくいった成功体験には、何らかの問題解決のヒントが隠されていることが多いからです。それを見つけ出して、これからのマイ・アクションプランに活用すると非常に大きな力になります。

声かけ例　成功体験の発見

「今まで、スランプに落ち込んだあとで成功に転じた体験を思い出してみてください」
「今までうまく何かを習得した経験を教えてください」
「よく似たシチュエーションで、うまくいったり成功した事例はないですか？」
「うまくいった秘訣やコツは何だったのでしょう？」
「今現在の状態と比較すると、どこか違っているところはありませんか？」
「今回のマイ・ゴールに到達するために、活用できるコツはないでしょうか？」

　このように、過去の成功体験を思い出すことから、現在のスランプから抜け出すヒントを探していきます。過去にうれしかったことを話

すことで、精神状態もポジティブなものになるため、次のマイ・アクションプランも浮かびやすくなるというわけです。

応用編のまとめ

① 目標達成も3ステップで考えよう。
② 第1ステップ「マイ・ゴールの設定」で、本当に行きたいゴールをクリアに。
③ 第2ステップ「マイ・アクションプランの設定」で、その人に合った行動の第1歩を見つけよう。そして行動宣言までもっていこう。
④ 第3ステップ「行動をサポートする」で、定期的なサポートシステムを構築して目標達成まで行動を継続させよう。

事例 食事療法が守れない患者さんへの対応 ―3ステップの応用―

＜患者紹介＞　Aさん、50歳、女性、営業職
　1年前に地域の検診で肥満と尿糖を指摘されて来院。境界型糖尿病

と言われ、食事療法と運動療法の指導を受け、一時的に6kgの減量に成功するが、数か月来院が途絶え、また4kgリバウンドをしてしまった。血糖も悪化してきている。

＜コーチングを意識しない会話例＞
Aさん　恥ずかしいわ。あんなに一生懸命指導してもらったのに、またこんなに太っちゃって。でも、そんなに食べてはいないんですよ。
スタッフ　せっかくやせたのにねえ。しばらく来院されないうちに、だいぶ体重が増えたみたいですね。やっぱり、食べる量が多くなっているんじゃないですか？
Aさん　う〜ん、栄養士さんに教えてもらったように食べていたつもりなんだけど。
スタッフ　でも、体重が増えているってことは、食べすぎているように思えますけど……。
Aさん　外食しても、いつも我慢するようにはしていたんですけどね。でも、私、水を飲んでも太る体質で、やせられないんですよ。
スタッフ　そんな体質はありませんよ。もう一回、栄養指導を受けてみましょう。
Aさん　はい……でもうまくいくかしら……。

＜コーチングを意識した会話＞
Aさん　恥ずかしいわ。あんなに一生懸命指導してもらったのに、またこんなに太っちゃって。でも、そんなに食べてはいないんですよ。
スタッフ　そうなんですね。あまり食べていないのですね（**おうむ返し・ゼロポジション**）。そんなに食べていないとおっしゃる内容を、もっと詳しく教えてもらえますか？（**塊をほぐす**）

5　応用編・目標達成のためのコーチング

Aさん ええっと、家では3食ともご飯一膳ぐらいに控えていますし、間食もやめています。ま、外食のときはお酒も飲むので食べすぎてしまいますけどね。

スタッフ 例えば、外食のときはどれくらい食べすぎるのですか？具体的に例をあげてもらえますか？（**オープン型質問・塊をほぐす**）

Aさん ええっと、例えばですね、昨日は接待で中華料理のコースだったんですよね。お酒は断れないのでビール5杯ぐらい飲みました。コースは最後のチャーハンは頑張って残したんですが、それ以外は全部食べちゃいました。カロリーは高かったかもねえ……。

スタッフ なるほど。チャーハンは我慢して頑張ろうと思ったのですね（**承認する**）。でもメニューが中華だし、お酒も5杯飲んでいらっしゃるし、確かにカロリーオーバーしているように思いますね（**Ⅰメッセージ**）。

Aさん ええ……でもね、仕事柄、接待も多いんですよ。自分だけ食べない飲まないわけにはいかないんですよね。

スタッフ なるほどね。どうですか、もう一度Aさんのライフスタイルに合った減量計画を立ててみませんか？　明日から再度チャレンジしてみませんか？（**未来型質問・肯定型質問**）

Aさん ええ、できるならば……。

スタッフ まずAさんのダイエットゴールをもう一度確認しましょう（**マイ・ゴールの設定・確認**）。

Aさん はい、1年間で8kgの減量をまず成功させることです。

スタッフ はい、そうでしたよね。減量が成功できたら、Aさんには、どんなメリットがありますか？（**メリットの具体化**）

Aさん まず糖尿病になる危険性が圧倒的に少なくなるって聞いてます。それにやせると第一印象もよくなるから、私のような営業職に

メリット・デメリットの具体化
オープン型質問
マイ・ゴールの設定、確認
おうむ返し
数値化する
ゼロポジション
許可をとる枕詞

は好都合ですね。趣味の山登りも動きやすくなって、より楽しくなるでしょうね。

スタッフ なるほど、いっぱいメリットがありますね。では反対に減量するデメリットは？（**デメリットの具体化**）

Aさん やっぱりカロリー計算が面倒ってことですかね。仕事上の接待で、外食も多いし。それに仕事の繁忙期なども、家に帰れなくなるので外食ばっかりになっちゃいます。そうするとカロリー計算が余計できなくなります。

スタッフ なるほど、外食が多いので、カロリー計算が面倒になるんですね（**まとめる**）。

Aさん ええ、そうなんです。

スタッフ Aさんのお気持ち、よく理解できました。私もAさんと同じ立場なら、きっとそう思うと思います（**Iメッセージ**）。ところで、私から一つ提案があるのですが、聞いてもらえますか？（**許可をとる枕詞**）

Aさん ええ、どうぞ。

スタッフ　もう一度栄養指導を受けて、今度は外食メインの上手な食べ方を教えてもらうっていうのはどうでしょうか？

Aさん　はい、もし上手な方法があるなら、ぜひ教えてもらいたいです。

スタッフ　わかりました。栄養士の先生にさっそくお願いしてみましょう。ところで、今、Aさんは減量成功が山の頂上だとしたら、何合目ぐらいの地点にいらっしゃると思いますか？（**マイ・アクションプランの設定・数値化する**）

Aさん　う〜ん。また4kg太ったからねえ、でも2kgはやせたままなので、2合目ぐらいってところでしょうか？

スタッフ　あと1合、減量という山を登るために、今日からできることはありませんか？（**数値化する**）

Aさん　そうですね。一日も早く外食用の栄養指導を受けるっていうことと、あ、そうだ。運動ですよね。毎日20分早く家を出てウォーキングしてから出勤するようにします。

スタッフ　それはいいですね。いつから実行なさいますか？（**実行を宣言する**）

Aさん　もちろん、明日から！

スタッフ　頑張ってくださいね。Aさんがやる気になっていただいて、私も担当としてとてもうれしいです（**Iメッセージで承認する**）。2週間後の外来で、血糖値がどうなっているか楽しみにしていますね。（**行動をサポートする**）。

〈解説〉

　コーチングを意識した会話では目標達成の3ステップを意識して会話を進めています。またゼロポジション、承認などの基本スキルを効果的に使うことによって患者さんがよい気分で話しやすい雰囲気をつ

くっています。患者さん本人が納得した建設的な方法が見つけ出されました。

第1章の総括

　本章では、コミュニケーションのための基本スキルから、それを実際に応用してコーチングに活かす応用編としてコーチングアプローチの具体的な手法まで解説しました。本章で扱ったスキルは基礎編・応用編合わせて21個もあり、簡単に使いこなすことはできないと思われるかもしれませんが、実はこれらは、普段の会話のなかで意識せずに使っていることばかりです。

　これらをスキルとして意識することからコーチングはスタートします。できるだけ普段から意図的にスキルを使ってみてください。一日一つ気に入ったスキルから集中的に使ってみると身につけやすいと思います。また、医療現場に限らず、家族や友人との会話のなかなど、いろいろなシーンで練習することが可能なスキルがほとんどですので、ぜひ毎日の会話で意識して繰り返し使ってみてください。医療現場での円滑なコミュニケーションはもちろん、日常のコミュニケーションも良好なものへと変わっていきますので、ぜひお試しください。

第2章

医療者の笑顔を生み出すためのメンタルヘルス

〜セルフサポートコーチング〜

1 自分のメンタルヘルスケアができないとコミュニケーションもうまくいかない

1 コミュニケーションはセルフケアから

　第1章ではメディカルサポートコーチングという他者とのコミュニケーション手法を解説してきました。しかしこうした他者とのコミュニケーション法は、自分自身の心身が疲れていたり不安定であれば、十分に使いこなすことができないものです。

　例えばイライラしていたり、抑うつ的であれば、笑顔をつくることすら難しくなりますよね。ストレスの対処に追われ疲労困憊している状態では、頭も体もだるくて、他者のために機転をきかせたり、思いやりを感じる余裕も生まれません。つまり他者との良好なコミュニケーションをつくり出そうとすれば、おのずから、**自分自身のメンタルヘルスも体調もよい状態に保っていくこと**が必要になってくるのです。

　そもそも医療スタッフは、体調不良の人と対峙する職業であるため、不機嫌、苦悩、苦痛、不安、イライラといったネガティブ感情に常に

さらされています。こうした他者のネガティブ感情に冷静に対処するためには、自分自身に十分な心身のエネルギーが必要なのです。しかしながら医療スタッフのメンタルヘルス対策は、一般企業以上に遅れをとってしまっているのが現状です。片やモンスターペイシェントという言葉に代表されるように、患者さんとの人間関係ストレスはうなぎのぼりに増加しています。加えて慢性的な人手不足のために、それぞれのスタッフにかかる業務の過重化・多忙化もどんどん悪化しています。そのため心身の不調を訴える医療スタッフも年々増え続けているのが現状なのです。

　こうした医療現場の超ストレス化に対抗していくためには、まずは医療スタッフ一人ひとりが自分自身の心をセルフケアできる知識とスキルを磨くことが大切です。意外なことですが、精神科や心療内科系以外の医療スタッフのもっているメンタルヘルスケアの知識は非常に乏しく、満足に心身のセルフケアができていない人が多いのです。

　医療スタッフである私たち一人ひとりが、**「自分の心と体は自分で守る」**という意識のもと、心身の健康を支えるためのセルフケア法を身につけて実践していきましょう。それがひいては、患者さんとのコミュニケーションの改善はもとより医療現場全体の活性化につながっていくはずです。

　このような観点から、本章では心身のセルフケア法として「セルフサポートコーチング」の基本メソッドをご紹介したいと思います。これは私が精神医学知識にコーチングの自己実現法を融合した独自のセルフケア手法です。誰でも簡単に自分の心と体をケア＆サポートできるように工夫してあります。特に医学的な専門知識は必要なく理解・実践できるため、一般向け実用書（参考文献6）〜8）参照）や企業研修などでわかりやすいメンタルヘルス法として紹介することも増えて

います。

　ぜひご自身だけではなく、同僚や部下のメンタルヘルスケア対策にも活用していただきたいと思います。

2 まずはあなたの心のセルフチェックを

　現在は未曾有のストレス社会です。2005年の調査では、すでに労働者の6割以上が仕事に何らかの精神的ストレスを感じているという結果が出ています。またある調査では日本の企業の7割が「心の病」による1か月以上の休職者を抱えているという事実が明らかになりました。

　うつ病に代表される心の病は、もはや人ごとではありません。実際、統計学的にも、うつ病は15人に1人が一生のうちに経験するという結果が出ています。ひと昔前まで、うつ病は「なまけ病」などといわれ、心の弱い人がかかるという偏見がありましたが、実は「心の風邪」と称されるくらい誰でもかかり得る病気なのです。もしかして、あなたの職場にも心の病を病んでいる方がいらっしゃるかもしれません。

　さて私たちを取り巻くストレス社会の厳しい現状を理解していただいたところで、次はあなた自身の心の健康チェックをしていきましょう。

　まずは表2-1の「心のセルフチェックシート」をご覧ください。このシートは、私がうつ病、心身症などのストレス性精神疾患の症状を平易にまとめたものです。もし、どれかの症状に当てはまり、約2週間以上それが継続している場合は、心の病気の可能性があります。ぜひ精神科や心療内科の受診をお考えください。このシートは、ご自身だけではなく、職場の同僚やご家族、ご友人の心のチェックにもご活用ください。

表 2-1　心のセルフチェックシート

　該当する項目が一つでもあり、それが約 2 週間以上持続している場合、心療内科か精神科への受診をお勧めします。
- 頑固な不眠が続いている。床に就いても、なかなか寝つけない。または夜中や早朝に目覚めてしまう。
- 体の疲労が朝になってもとれない。熟睡感がなく、目覚まし時計が鳴っても起きられずしばしば寝過ごしてしまう。
- 食欲が著明に低下し、体重が減っている。食べ物をおいしいと感じなくなった。
- 食べ物をおいしいと思わないくせに、なぜか食べてしまい体重が急激に増えている。
- 何事にも興味がわかない。以前は楽しかったことを、楽しく感じないし、したいとも思わなくなった。例えば、欠かさず読んでいた新聞や大好きだった野球中継を見たいと思わなくなる、趣味のゴルフに誘われても行きたくない等。
- あらゆる物事に対する、やる気の低下。朝特に調子が悪く、仕事や学校に行く準備をするのも苦痛である。化粧、服やネクタイの柄を選ぶ、髪をとかす等、身支度をするのも面倒くさく感じる。
- 自分に対して極度に自信がなくなってしまい、何をしても失敗するように思う。また、うまくいかないことは、すべて自分のせいだと考えてしまう。将来も希望がなく、悲観的なことばかり思い浮かべる。
- 感情が不安定。今までは考えられないような些細なことに怒ったり、イライラしたり、涙が出たりと、他人の前でも、自分をコントロールできない。
- 自分は、生きていても仕方がない。いっそいなくなってしまいたいと思う。
- 原因不明の胃腸障害や体の痛み、ひどい頭痛や肩こり、めまい、全身の倦怠感といった症状に悩まされていて、仕事や日常生活に支障が出ている。
- 他人と話すのがおっくうであり、外出したり、電話に出るのがつらい。
- 突如、「理由のない漠然とした不安感」や、「死んでしまうのではないか」といった恐怖感に襲われて、イライラしたりそわそわしたりと、自分がコントロールできなくなる。または、非常に息苦しくなったり、めまいや動悸、吐き気を感じたりする。
- アルコール依存、薬物依存、買い物依存などの依存癖が出てきている。「悪いこと」とわかっていても、やめられない。

3 毎日、心の充電レベルをチェックしよう

　あなたは毎日、自分の心や体と向き合って対話していますか？　セルフケアの基本は、まず自分の心や体の状態を自分自身できちんとキャッチすることから始まります。

　そのための手法として、セルフサポートコーチング法では、図2-1のような「ココロ充電池」という基本モデルを提案しています。このモデルを活用して、毎日、心と体の状態をセルフチェックしてみましょう。

ココロ充電池モデル

　まずあなたの心が、図2-1の絵のような充電式の電池だと考えてください。このココロ充電池からどんどんエネルギーを奪っていく存在が、いわゆる「ストレス」です。ストレスによって受ける緊張、不快感、プレッシャー等が発生するたびに、それらに何とか対処しようと、心からはエネルギーが消費されていきます。さまざまなストレスに暴露されるたびに、ココロ充電池から図2-1のようにエネルギーが流れ出していくとイメージしてください。

　その反対に、ココロ充電池にエネルギーを充電してくれるエネルギー源（エネルギーソース）があります。一言でいうと「自己実現」に関連したことをすることが、それにあたります。ただし、セルフサポートコーチングで使っている「自己実現」は、一般的に言われている「自己実現」とは、多少ニュアンスが違います。セルフサポートコーチングでの「自己実現」には、次のような「自分が本当にしたいと思うこと」すべてが含まれると考えていきます。

- 心が本当に望んでいる楽しいことや心地よいことをする。
- 心身が落ち着く、リラックスや休息をとる。
- 健康によい、気持ちのよいことをする。
- 自分の価値観や希望に合致した活動をして、適度な充実感を味わう。

図2-1 ココロ充電池モデル

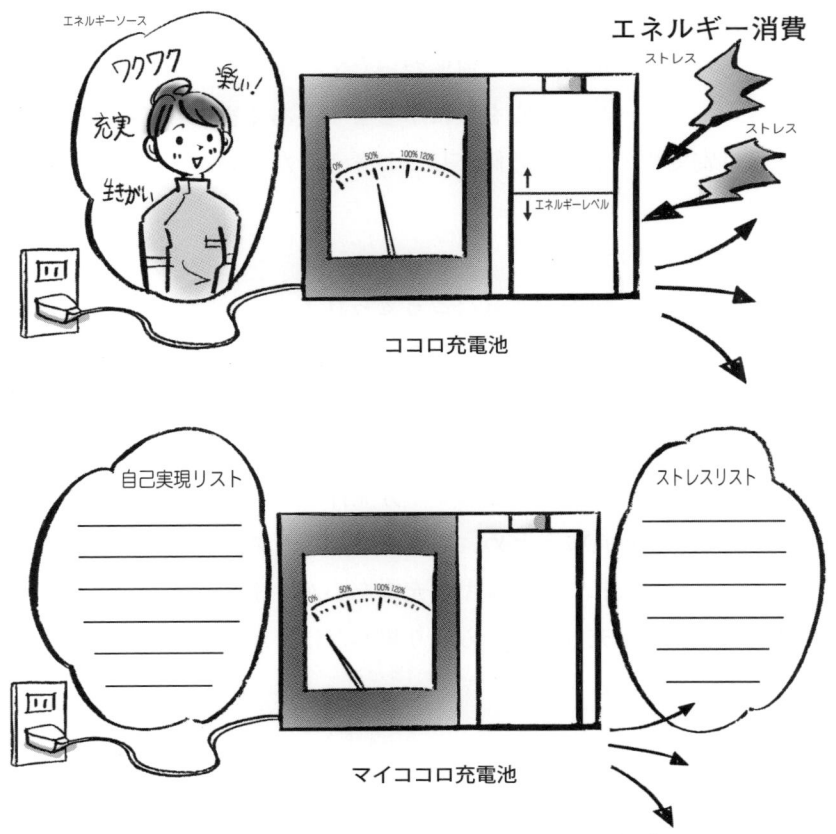

① 今思いつく「自己実現リスト」「ストレスリスト」をそれぞれあげてみましょう。
② 次に直感で自分のエネルギーレベルを線引きしましょう。

1 自分のメンタルヘルスケアができないとコミュニケーションもうまくいかない

では、ココロ充電池モデルの基本的なエネルギーシステムを理解していただいたところで、あなたの充電レベルをチェックしてみましょう。

　「あなたが何の心配もなく元気いっぱいの状態が充電レベル100％、心身ともに疲れ果てて起き上がれない状態を0％だと仮定します。さて、あなたの心の充電レベルは、何％でしょうか？」　図2-1のココロ充電池モデルを見ながら直感的に答えて、モデルの下の空の充電池に一本線を引いてみましょう。

　さてあなたの充電レベルは何％だったでしょうか？　ココロ充電池のエネルギーレベルの目安を次に示します（あくまでも私の臨床経験による目安ですので、参考値としてお考えください）。

充電レベル80％以上

　まず心身ともに快調で元気だと考えられます。頑張りもきくため、新しいチャレンジや、プラスアルファの仕事も可能な状態です。

充電レベル50〜70％程度

　心身が疲れ気味で自分の能力が十分発揮できていない状態です。仕事や活動は現状維持にとどめ、心身がリラックスしたり休息する時間を積極的に取り入れてエネルギー充電を心がけましょう。今、無理やり頑張るよりも、充電してから取り組んだほうが、パフォーマンスはぐっとアップするはずです。

充電レベル40％以下

　かなり心身が弱っていて要注意。まずはストレスをできるだけ避けて、心も身体も、しっかり休息を確保してエネルギー充電を優先して

ください。心身に気になる症状が出ていたら、病院の受診も検討しましょう。

毎日チェック・毎日ケア

　このようなココロ充電池モデルを使って、毎日自分の心と向き合う時間をつくってください。まずは朝起きたとき、チェックすることをお勧めします。もしいつもより充電レベルが下がっているなと感じたら、心からエネルギーを奪っていくことは控えめにして、エネルギーを与えてくれることを優先して予定を組むようにしてください。もちろん仕事のなかには自分でコントロールできない物事も多いと思いますが、そのなかでも多少は先送りしたり、人に頼んだりできることもあると思います。

　そのためにも、普段から自分の抱えている活動や仕事を、エネルギー源とストレス源に分類して考えておくことが必要です。先ほどエネルギーレベルをチェックした「ココロ充電池」には、エネルギー源となる自己実現リストと、エネルギーを消費していくストレスリストが書き込めるようになっています。まず仕事、プライベートを問わず自分の抱えている物事をチェックして、リスト分けしてみてください。

　例えば職場では、「患者さん一人ひとりと接するのは好きだが、後輩の指導や研修会の発表は苦手である」「Aさんは意地悪なので話すと疲れるが、Bさんは癒し系なのでホッとしてエネルギーが上がる」、家庭では、「子どもと外で遊ぶことは好きだが、地域の役員活動などは苦手でエネルギーを奪われる」、このように自分の抱えている仕事やプライベートの日課を二つのリストに整理していきます。

　こうしてあらかじめリスト化しておくと、心のエネルギーレベルが

下がってきたときには、何を優先すべきか、何を避けるべきかが一目瞭然に判断できます。もちろんエネルギーを奪われるストレスリストの項目は、単純に避けられないこともあるでしょう。そんな場合でも「数日だけ先送りする」「他人に手伝ってもらう」「関係のない時間や場所を意識的にもつ」と検討してみてください。

心のエネルギーレベルが下がってきたときには、まず自分でコントロールできる範囲のストレス源を減らし、その分、エネルギー源となることを優先させることが大切です。

適切な休息をとること、仕事をスローダウンさせることは、決して悪いことではありません。コンスタントに健康に働き続けるためには、緩急をつけて**賢く頑張り、賢く休む**ことが大切なのです。

ココロ充電池モデルを使って、自分で心のエネルギーをできるだけ調節していくことで、大きなエネルギーダウンを予防することが可能です。お金の収支を気にかけるのと同じように、自分の心のエネルギー収支にも、ぜひ敏感になっていただきたいと思います。

自分のメンタルヘルスケアができないとコミュニケーションもうまくいかないのまとめ

①現在は高度ストレス社会。うつ病などの心の病が激増している。

②医療者こそメンタルヘルス対策が急務。医療者のメンタルヘルスが良好でないと、患者さんやスタッフとのコミュニケーションもうまくいかない。

③心を充電池と仮定して、毎日充電エネルギーレベルをチェックしよう。そして上手に充電と消費のバランスをとって、心が充電切れにならないようにしよう。

2 ストレスについて詳しく知ろう

1 ストレスって何？

「ストレスのせいで肩こりがひどくってね」
「毎日、ストレスが多くてイライラするわ」
　こんなふうに私たちは日常でストレスという言葉を何気なく使っていますが、本当のストレスの正体って何でしょうか？
「いやなことが起こること」
「不快な気分になること」
　多くの方は、ストレスは何かと聞かれると、多分このように答えるのではないでしょうか？
　実は、精神医学では、「ストレスとは生体に何らかの刺激が加えられたときに発生する、生体側のゆがみ」であると定義されています。この定義から考えると、ストレスとは、必ずしも、不快なことや、いやなことだけではありません。つまり、心か身体に何らかのゆがみを与える、あらゆる刺激や変化が、ストレスになり得るのです。
　では実際、どういった出来事が、ストレスを引き起こす刺激や変化となる危険があるでしょう。表2-2にストレスの原因になるといわれている、主だった日常生活上の出来事を列挙してみました。いかがでしょう？「へえ〜、こんなこともストレスを起こす刺激になって

表2-2　ストレスとなり得る日常の出来事

①人間関係や社会でのトラブルや、プレッシャー
　　家族、友人、職場などあらゆる人間関係でのトラブル。仕事上、勉学上の悩み、試験などのプレッシャー。違法行為や罰則を受けるなどの、社会とのトラブルや犯罪。
②親しい人の死去
　　家族、親族、親しい友人、同僚など、親しい人との死別
③自分や家族の病気やけが
　　自分自身や家族が病気やけがをして、健康上の変化があった。
④自分自身や、配偶者や家族が、解雇や失業、または退職などで、職を失った。
⑤経済状態の大きな変化があった。
　　借金した、収入の著明な減少、逆に大きな増収があった。
⑥自分や家族が結婚した。または、逆に離婚した。
⑦配偶者や、子どもとの別居。逆に家族が増えた（高齢者、嫁の同居、子どもが誕生した等）。
⑧職場での地位や環境、仕事内容の変化
　　降格、異動のほかにも、昇進、栄転などの一見喜ばしい変化も入る。または、仕事の量や質の変化、新しい仕事や企画を任された等も該当。
⑨自分や家族の転校、入学や卒業、受験など教育関連の変化
⑩日常の生活環境の変化があった。
　　引越し、家の新築や改装、災害、戦争による環境の変化など。
⑪日常生活の習慣の変化があった。
　　睡眠や食事に関係する変化、趣味や娯楽の変化、隣人や友人を含めた交際相手の変化など。
⑫妊娠・出産した。子育て中である。
⑬長期休暇や学業の休止、留学など
⑭仕事、学業、スポーツなどでの大きな成功や賞賛をあびる。もしくは逆に失敗や叱責を受ける（試験に落ちる、試合に負けるなど）。

いたの？」と驚かれた内容もあったと思います。

　おそらく、①から④までは、みなさん想像できるストレスですが、⑤から⑭の項目のなかには、意外な内容も含まれていることでしょう。いわゆる増収や、昇進、引越しや新築、結婚、成功体験などの**うれしいこと、おめでたいことも、ストレスの原因となり得る**というのは、多くの人にとって認識されていない事実なのです。

　また自分だけではなく、身近な家族に起こったうれしいこと、大きな変化（例えば、配偶者、子ども、兄弟などの結婚、出産、受験、就職、転職、退職など）にも要注意です。これらは、間接的に自分の生活へ大きな影響を及ぼしてきます。このような身近なすべての変化や刺激はストレス化する可能性があるということを、まず頭に入れておきましょう。そして自分自身はもとより患者さん、同僚、部下にも、変化が立て続けに起こっている人がいたら、普段より念入りに気遣ってあげていただきたいと思います。

2　ストレスを意識化することで自分を守ろう

　ストレスから身を守るための大切な第1歩は、表2-2にあるような「**変化や刺激**」に遭遇したとき、ストレスが発生する恐れがあるということを、あらかじめ意識化することから始まります。

　特にうれしいことやおめでたいことにかかわる変化が起こったときは、本人も周りの人も、ストレスには無関心となりがちです。本人はうれしさや喜びに興奮しがちとなり、ついつい普段より無理をしたり頑張ったりします。周りの人も、「よかったね」「これからもどんどん頑張ってね」と賞賛や激励ばかりしてしまいます。

　その結果、心身に疲労が蓄積していき、思わぬ体調不良に見舞われ

たり、集中力が低下して普段では考えられないミスや事故が発生することもあるのです。まさに新人がかかる五月病などは、その典型といえるでしょう。

ちなみに表2-2のような出来事が、ここ1年から半年のうちに立て続けに起こったという人は非常に注意が必要です。まさにストレスの渦中にいるといっても過言ではありません。

もし、表2-2のような変化や刺激に重なって遭遇したときは、まず心身の状態を、普段より丁寧に観察してあげることが大切です。また、一つの変化に心身がなじむまでは、次の新しい変化を起こすことは慎むことが必要です。

どんな変化でも、それに身体や心が順応しようと、知らず知らずのうちにエネルギーを消費しているものです。だからこそ、急激な変化を重ねてしまうと、いくらうれしい変化であっても、ココロ充電池のエネルギーが枯渇してしまう危険があるのです。

この「変化に変化を重ねない」ということは、ぜひ自分自身だけではなく、職場の同僚、後輩、患者さんにもアドバイスしてあげてください。また新人や、異動してきたばかりの人には、新しい仕事や役割を次々と与えないように心がけましょう。彼らが新しい職場に慣れるまで、できるだけ残業や休日出勤、プレッシャーのかかるプレゼンテーションや負担の多い委員会などの仕事は免除する。アフターファイブの付き合いに誘うのも、ほどほどにする。こうした「変化に変化を重ねない」という心がけが心の不調を予防することにつながっていくのです。

3 あなたのマイ・ストレスサインを知ろう

　ストレスが生じ、ココロ充電池のエネルギーレベルが下がりはじめたとき、体や心にストレスのサインが現れはじめます。このストレスによって生体が起こす反応は人それぞれです。体にサインが出やすい人、気持ちにサインが出やすい人、行動にサインが出やすい人など、その人による特徴があるのです。このサインのことを、セルフサポートコーチングでは、「マイ・ストレスサイン」と名づけています。

　この自分特有のマイ・ストレスサインを見逃さないようにすることが、心の健康にとって、とても大切です。人によっては、ストレスが体や心にたまりはじめていても、なかなか気がつかないことがあり、気がついたときにはうつや心身症になっていた……ということも多いのです。どんな病気も早期発見・早期対応は、治療の鉄則です。あなた特有のマイ・ストレスサインを知っておき、体や心からの警告を見逃さないようにしましょう。

マイ・ストレスサインの見つけ方

　では、さっそく、あなた固有のマイ・ストレスサインを見つけていきましょう！　次のステップに従いながら表2-3の「セルフチェックシート」に書き込んでみてください。

ステップ1「過去・現在のストレス体験と自分の反応を思い出す」

　まず例を参考にして、あなた自身のストレス体験を思い出しましょう。現在から過去にさかのぼっていき、自分にとって明らかなストレス状態だったことを書き上げます。つらいことや悲しいことなどのほ

表2-3 セルフチェックシート—マイ・ストレスサイン・チェック—

過去・現在のストレス経験	精神面・行動面の変化	身体面の変化
（例）3年前、職場で大きなトラブルがあり、長引いた。	イライラして、怒りっぽくなった。その反面、自分に自信がなくなり、皆が自分を非難しているように思った。	食欲がなくなり、体重が減った。妻によると、貧乏ゆすりがひどかったらしい。
（例）30歳のときに転職し、初めての土地に引越した。	なかなか親しい人ができず、次第に寂しくなり不安になった。酒の量が増えた。	疲労感が増えてきて、肩こりもひどかった。一人で食べる食事が味気なくて、食欲が減った。
＜YOURS＞		

かにも、結婚、異動、昇進などの大きな人生イベントもあげてみてください。

次に、それぞれのストレス状態にあったとき、心や体に何らかの変化はありましたか？　可能なかぎり、そのときの心身の状態を思い出してみてください。

この作業をするにあたっては、表2-4の「一般的な心身のストレスサイン」を参考にしながらセルフチェックしてください。表2-4には、ストレスを感じたときの生体に起こりがちな変化を、精神面・行動面と、身体面に分けて列挙してあります。これ以外にも、あなた特有のサインがあるはずですから、気づいたらどんどん書き上げてください。一緒に暮らしている家族にも尋ねてみるといいですよ。意外なストレスサインを指摘してもらえることがあります。

ステップ2　「ストレス日記として活用する」

これから1年間ほどこの表を活用して、自分自身のストレス日記をつけてみましょう。自分自身がストレスだと感じる刺激を受けたときや、大きな変化に直面したとき、気持ちや体にどういった変化が起こるかを記録してみます。こうした客観的な目で自分を見つめていくと、新たなストレスサインを発見したり、自分の弱いパターンに気づくことができます。

このシートは自分自身のほか、患者さんのストレスサイン・チェックにも活用できます。カウンセリング時間がとれるときには、ぜひ患者さんのストレスサインの発見を手助けしてあげてください。

自分自身のストレスサインをできるだけ早くキャッチできるかどうかが、ココロ充電池からエネルギーの損失を**食い止める鍵**となります。このサインを自覚せず、ストレス状態に気づかないで心からエネル

表 2-4　一般的な心身のストレスサイン

精神面・行動面
- 漠然とした不安、落ち着きがなくなりそわそわする。
- 怒りっぽくなる、イライラする。または、涙もろくなる。
- 他人に敵意を感じやすくなる。けんかっぱやくなったり批判的になる。
- 興奮しやすくなる。
- 他人に嫌悪感や恐怖感を感じる。会うのがおっくうになる。
- 強迫観念や心配癖の出現
  例えば、鍵を閉めたかどうか何度も不安になって確かめてしまう。
- 楽しさや、うれしさを感じにくくなる。笑顔が減る。
- 物事に集中できない。作業や仕事、勉強の能率が落ちる。
- 被害的になってしまう。自信がなくなる。
- 仕事、趣味、遊び面でのやる気や興味の低下。今まで楽しかった趣味や遊びがおもしろくない等。
- 甘いものやタバコやコーヒー、酒などの嗜好品が、急に増える。

身体面
- 筋肉の緊張が強くなる。症状としては、肩こり、腰痛、頭痛がひどくなる等。
- 下痢や便秘、胃もたれ、胃痛、腹痛など消化器系の異常が出る。
- 疲労感、倦怠感の増強。一晩寝ても、疲れがとれないなど。
- 寝つきが悪くなる。夜中や早朝に目覚める。熟睡できない。逆にいくら寝ても起きられないなどの、睡眠変化。
- 過剰な食欲が出る、もしくは、食欲が出ない。体重の急激な増減。
- 食べ物のおいしさが感じられなくなる。食事が楽しくない。
- 風邪を引きやすくなる。
- 高血圧やアレルギーなどの持病の悪化
- 性欲が著明に減退する。
- めまい、耳鳴りが出現する。
- 原因がないのに、頻尿になる。

ギーが流れ出すままにしておくと、次第に心身の元気がなくなってきます。やる気やアイデアも出なくなり、行動力・思考力も低下していきます。

マイ・ストレスサインに気づいたら、ストレスの原因を探し出し、早め早めにストレスを解消するように心がけましょう。

4 マイ・ストレスサインが発生して、心のエネルギーが落ちてきたときの対処法

マイ・ストレスサインが発生している状態というのは、もちろん心のエネルギーレベルも、どんどん低下しはじめています。ストレスによるエネルギーの消費が続いているために、供給が追いつかない状態になっていると考えてください。

こういった心の「エネルギー供給＜エネルギー消費」状態を放置しておくのは危険です。本格的な心身の病に移行する前に、速やかに対処法を講じてエネルギーを充電していくことが大切です。その手法を具体的に説明していきましょう。

手法1　可能なかぎり、ストレスの原因を取り去る

ストレスの原因がはっきりしている場合は、できるだけその原因を取り去ることが基本です。当たり前といえば当たり前なのですが、意外にストレス源をそのままにして悩んでいる人がおられます。

例えば、担当している患者さんとうまくいかずにストレスがたまり、ストレスサインが発生してきた場合などは、その患者さんが大きなストレス源です。無理をせず上司と相談して、担当を変えてもらうこと

が、ストレスの原因を取り去る一番の方法です。ストレスサインが出ているというのは、心がSOSを訴えはじめている状態です。頑張りすぎずにストレスの原因をできるだけ取り除いてみましょう。

　もしストレス源が、どうしても排除できない場合は、できるだけ物理的にも心理的にも遠ざけるように、試みてみることも有効です。まずは、そのストレスから全く無関係な場所や時間を、毎日確保してみましょう。例えば、家庭で何らかのトラブルが発生している場合は、仕事からの帰り道に、30分でもカフェでリラックスできる時間をもつ、職場の人がストレスの場合は、昼食時だけでも別の場所で過ごしてみる、といったことでもいいですね。ストレス源から離れ、**リラックスする時間があればあるほど、心にエネルギーが入り**、活力が戻ってきます。

手法2　できるだけ体の疲労を癒す

　心と体のエネルギーレベルは、表裏一体です。ストレスで心が弱っていると、体にも変化が起こり疲労しています。体の疲労をそのままにしておくとさらに心の元気も低下するのです。ストレスサインを感じ取ったら、まずは体の疲れを普段より丁寧に癒しましょう。栄養のよいものをしっかり食べて、しっかり寝る。そして、できるだけ休息する時間をつくるということが大切です。

　食事は、普段より、肉、魚、大豆製品、卵といったたんぱく質と野菜や果物をしっかりとり、アミノ酸、ビタミン、ミネラルを強化します。睡眠も最低6時間以上はしっかりとれるように、夜遅くまで残業したり、付き合いで飲み会に参加したりすることは、避けましょう。もし有給休暇がとれるようなら、半日でもいいからとってみてはいか

がでしょうか？　時間に追われず、気ままにゆっくり過ごすだけでも、リラックス効果があります。

手法3　生活上での余分な変化を増やさない

　前述しましたが、ストレスの正体は「変化」ですから、ストレス過多になっているときには、新しい変化を増やさないようにすることが大切です。

　例えば、新しい仕事を引き受ける、新しい習い事をはじめる、ダイエットや禁煙にチャレンジする、これらはすべて変化に変化を重ねていることになり、ストレスの上乗せになってしまいがちです。ストレスサインが点滅したときは、できるだけ新たな刺激が加わらないように、心がけましょう。

手法4　「ねばならない思考」をできるだけ減らす

　ストレスサインが現れているときは、できるだけ自分の「～したい」を優先させ、「～ねばならない」を極力減らします。「～ねばならない」「～すべき」思考は、自分に鞭を当て、無理やり動いていることが多いためエネルギーの消耗度が大きいです。ここは、自分に甘くなって、「～したい」思考を優先させて、わがままに生活していきましょう。
　例えば、普段は自分でやってしまう仕事でも、他人に頼めるものは頼む、または期日を遅らせてもらえるか交渉してみてもいいでしょう。

ストレスについて詳しく知ろうのまとめ

①あらゆる変化はストレスに変わる可能性あり。変化が重なったときには要注意!!

②マイ・ストレスサインを意識化しておいて、ストレスがやってきたら早めに気づいて早めに対処しよう。

③ストレスサインが出たときには、少し自分に甘くなって心のエネルギー消費を抑えて充電を意識しよう。

3 心と体に栄養を

❶ 心身に体力をつけるために必要な食生活の知恵

　体力をつけるためには、バランスのとれた食事をしっかりとらなければならないことは、ご存じだと思いますが、実は正しく食事をとると、心の体力も一緒に高めることができるのです。

　なぜならば、心と身体のエネルギーは表裏一体だからです。心の働きの多くは脳がつかさどっていることがわかっていますが、その脳を栄養しているのは、身体を栄養しているのと同じ「食事」です。そもそも脳自体が、筋肉、内臓、骨などといった体の組織の一部であるわけですから、当たり前といえば当たり前のことですよね。

　ですが、不思議なことに、ほとんどの方が、心と身体を切り離して考える傾向があるのです。昔から「健全な魂は、健全な肉体に宿る」という格言がありますが、確かにそのとおりで、身体が栄養不足となり疲労困憊(ひろうこんぱい)している人に、ポジティブな思考やイキイキした行動力は起こりません。このように考えていくと、ストレスに強い心の体力をつくろうと思えば、体の栄養を整えて体力をつけなければいけないことがおわかりいただけると思います。まずは心と体の健康を維持するために重要な栄養の知識を簡単にご紹介しますので、ぜひ頭に入れていただきたいと思います。

栄養の知識

①たんぱく質

　体はもとより脳の根本的な栄養源となっているのは、たんぱく質です。特にストレス時には、たんぱく質の構成物質であるアミノ酸が多く消費されるといわれていますので、十分な補給が必要です。もちろん体力を維持するためにも、筋肉や免疫物質、血液などの原材料であるたんぱく質は欠かせません。

　基本的に成人男女の1日に必要なたんぱく質は約50gとされています。ただし、これは肉50g、魚50gというわけではなく、純粋なたんぱく質だけにした正味量です。ですから、食品に換算すると、1日あたり手のひらに乗るぐらいのたんぱく質食品3～4個分は最低必要となります。

　手のひら1つ分に相当するたんぱく質は、卵なら1個、赤身肉なら約60～80g、魚なら切り身大1つ程度、納豆なら45gパック1個、豆腐なら半丁程度となります。

　現在、安易なファストフードやコンビニ食品で、良質なたんぱく質を十分量とれていない人が増えています。心の体力をつけるために、たんぱく質は不可欠です。

　たんぱく質は低脂肪のものであれば、むしろ炭水化物食品よりカロリーが低いものがほとんどです。脂肪分の多い部位を避け、高脂肪な揚げ物等の油料理ではなく、焼く、蒸すなどのシンプルな調理法で、たっぷり摂取しましょう。

②糖質・炭水化物

　ブドウ糖は脳の唯一のエネルギー源です。そのためストレスがかかると脳が疲労感を覚え、ブドウ糖に変化しやすい炭水化物や糖質が欲しくなってきます。

　このことからもストレス時には特にごはんやパン、めんなどの炭水化物は控えることなく、きちんと摂取して、脳にエネルギーを送ってあげましょう。糖質や炭水化物を控えるダイエットなどは、すぐ中止してください。

　ただし、注意していただきたいのが、砂糖がたっぷり入った甘い物や甘い飲み物です。砂糖の過剰摂取は、血糖値を急上昇させたあと、急下降させます。そのことで、身体の倦怠感がひどくなり、イライラや不安感が増強することも多々あります。これは、ごはんやパン類、めん類だけを単品で多量摂取したときにも同様です。甘い物は少量にとどめ、炭水化物だけをとりすぎないようにして、たんぱく質、野菜類も整ったバランスのとれた食事を選びましょう。

③緑黄色野菜・海草・果物類

　前述したたんぱく質や炭水化物・糖質を生体が十分に消化・吸収し栄養として利用していくためには、ビタミン、ミネラルの働きが必要です。このビタミン・ミネラルの宝庫が野菜、海草、果物類です。特に野菜でも、ほうれん草、人参、小松菜、ブロッコリー等に代表される緑黄色野菜は各種ビタミンが豊富です。また海草には、カルシウム、ヨードなどのミネラル類がたっぷり含まれています。できれば毎食、緑黄色野菜中心の野菜をたっぷり、そして1日に1回はわかめ、もずく、めかぶといった藻類を、たんぱく質、炭水化物と一緒に摂取してください。

果物もビタミン・ミネラルを含みますので、1日に1～2個は食べたい食品ですが、果糖が含まれるためカロリーが高くなります。炭水化物と野菜のミックスされたものと考え朝食などに摂取するとよいでしょう。

オススメ・外食の食べ方＆レシピ

　医療現場は多忙で夜勤などのシフト勤務も少なくありません。どうしてもコンビニエンスストアやファストフード類などの外食に頼らざるを得ないときに参考にしていただきたい食べ方のコツを次にまとめました。

①弁当類に野菜や果物をプラスする

　カップめん、菓子パン、弁当などコンビニ食品ですませるときは、生野菜サラダ、りんごやバナナなどの果物をプラスします。これらは同じコンビニ店内で売っていることも多いです。できるだけ甘くないタイプの野菜ジュースもお勧めです。
　また、めん類、パン類、おにぎりなどのたんぱく質が不足しているときには、同じ店内で手に入るゆで卵やチーズ、かまぼこ、ソーセージ、おでん（練り製品、卵、厚揚げ）などを活用してもいいですね。

②軽食の具材にたんぱく質を選択する

　うどんやそば、カレーなどの軽食ですませるときは、具にたんぱく質（卵や油揚げ、にしん、肉）がたっぷり乗ったものを注文しましょう。あれば野菜の小鉢やサラダを一品追加します。野菜ジュースをあとで飲んでもいいですね。

③ファミリーレストランなどでは野菜をプラス

　外食で肉や魚のメインディッシュのある定食メニューを頼むと、たんぱく質と糖質と脂質に偏りがちです。野菜が少ないなと思ったら、野菜サラダや野菜ジュースをプラスしましょう。

④その他

　飲み会には、居酒屋や鍋料理がお勧めです。居酒屋は脂っこくない刺身や焼き鳥、冷奴などの良質なたんぱく質メニューが豊富です。また、たいていの居酒屋ではサラダが注文できますし、ししとうの素焼き、野菜炒めなどの野菜メニューも比較的豊富です。鍋料理は野菜とたんぱく質がたっぷり食べられます。カロリーも低めですので鍋料理中心の宴会メニューを選んでください。

2　正しい睡眠で心も体も元気にする

　たっぷり睡眠をとって、体と脳を休めることは、心身の疲労回復には不可欠な行為です。体はソファーで横になっていてもある程度は休めることができますが、脳は睡眠中しか休むことができません。そのため睡眠不足が続くと、脳は疲労を回復できないため、前向きな思考やアイデアが浮かびにくくなり、精神状態も悪くなっていくのです。

　あるデータによると睡眠時間が6時間以下のグループでは、6時間以上のグループと比べて如実に作業能率や集中力が低下していたそうです。精神的・知的ストレスが高く、ミスが許されない医療現場のスタッフには十分な睡眠が必要不可欠です。毎日は無理であっても平均睡眠時間が6時間となるように、寝不足だった次の日は必ずたっぷり睡眠をとってください。表2-5に良眠をとるためのアドバイスをま

表2-5　よい眠りのために

①眠る2時間前ぐらいからは、できるだけ食べないようにしましょう。
②アルコール類は、睡眠の質を悪化させるので、就寝2時間前からは避けてください。
③カフェインを含んだ飲み物を、夜にとることは避けましょう。ハーブティや、ホットミルク、ホット豆乳、ミネラルウォーター、麦茶などは、よいです。
④寝る直前に熱いお風呂に入ると眠りにくくなります。入浴は就寝30分から1時間前までに終えておきましょう。
⑤長すぎる昼寝は、体内時計を狂わせます。もし昼寝する場合は、午後3時までに、1時間以内にしてください。
⑥寝る前に、ゲーム、インターネット、メール、長電話をしたり、興奮するテレビや読み物は、避けてください。脳が緊張して眠れなくなる原因となります。
⑦休みの日でも、午前10時までには、一度起床し、朝食を食べてください。正午を過ぎて寝てしまうと、体内時計が乱れ、不眠の原因となります。眠れなかった夜も午前中には起きましょう。その分、軽く昼寝をするか、早寝するようにするといいですね。

とめました。ぜひ参考にしてください。

3　生活バランスを改善して心の体力をアップしよう

　ワーク・ライフ・バランスという言葉を耳にする機会が増えました。しかしワーク・ライフ・バランスの概念が今ひとつわかりにくいという声もよく聞きます。

　セルフサポートコーチングでは、ワーク・ライフ・バランスを、「6項目の生活のバランス」として考えていきます。実は、心の体力がある人というのは、この「6項目の生活のバランス」をとても上手にとっている人が多いのです。では、さっそくあなたの「6項目の生活のバランス度」をチェックしてみましょう。

　表2-6の六つの項目別にあなたの感じる満足度を10点満点が最高、0点が最低として、自己採点してください。すべて自分の直感で

採点していきます。

　いかがだったでしょうか？　生活バランス度はすべてあなたの自己評価が基準ですので、世間一般のものさしに左右されず、率直な感覚で採点してみてください。

表2-6　6項目の生活のバランス度

1　仕事（学生の場合学業、主婦の場合は主婦業）が満足しているかどうか？
　現在の自分の仕事の内容や充実感、環境、人間関係などを含めて総合的に判断してください。

→あなたの満足度　（　）点

2　経済状態は、安定しているか？
　自分の経済面での状態を考えます。収入面、支出面、貯蓄状況などの満足度を総合的に判断して考えてください。

→あなたの満足度　（　）点

3　健康状態は良好か？
　心身両面からの健康状態を考えます。自分の現在の状態が、満足できているかどうかで、ご判断ください。

→あなたの満足度　（　）点

4　家庭生活、家族との関係は良好か？
　家庭生活の満足度を評価してください。
　家族とのコミュニケーションやつながりがよい状態でしょうか？　家庭内での人間関係の満足度で判断してください。もっと家族と過ごす時間が欲しいと思っている人は、理想の状況を10点とします。独身の方は、自分の親や兄弟との関係を考えてみましょう。また、結婚したいのに、結婚できていないという方は、理想の状況を10点として現在を判断してください。

→あなたの満足度　（　）点

5　仕事以外の友人や仲間との関係は充実しているか？
　ここでは、主に仕事を抜きにした他人との人間関係が、どのぐらい満足できているかということで判断します。友人、地域コミュニティ等との人間関係で判断してください。

→あなたの満足度　（　）点

6　自分自身のためのプライベートな楽しみをもっているか？
　自分の趣味や余暇、勉強の時間に、どれぐらい満足できているかで、判断します。

→あなたの満足度　（　）点

採点が終わると、次は、生活バランスの六角形を作成していきましょう。図2-2に「生活バランスの六角形」が作成できます。例にならって、先ほどの感覚の満足度を、それぞれの項目別に円の中心から伸びるスケール上に、プロットしてみましょう。6項目の点を結ぶと、六角形が現れてきますよね。この六角形の形でバランスを判断してください。バランスがとれている人ほど、綺麗な六角形が描けます。

もしどこかが突出して、どこかが凹みすぎているような、いびつな六角形になった人は、要注意です。または、どの項目も5点以下の小さな六角形になった人も危険です。ワーク・ライフ・バランスが乱れていると判断できます。

六角形のバランスが悪いということは、生活や人生の満足感を得ているエネルギー源が少ないということを表しています。ある項目にばかり、満足・充実度が偏った生活は、その項目に生きがいや充実を生み出すためのエネルギー源が依存しすぎているということです。ですので、その項目に何かストレスが生じ、エネルギーが供給されなくなると、ココロ充電池がたちまち充電不足になってしまいます。ほかの

図2-2 生活バランスの六角形

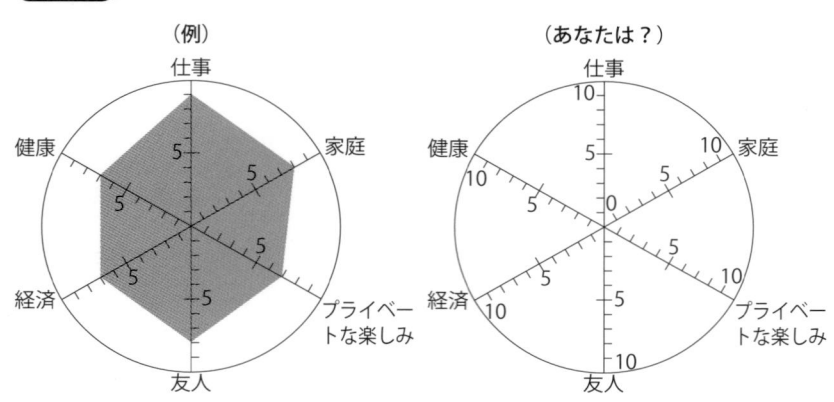

項目からのエネルギー供給源が枯渇しているために、エネルギーが入ってこなくなるからです。

　また現在、6項目すべてが5点以下で、小さな六角形しか描けなかった人は、すでにココロ充電池へのエネルギー供給が貧弱になってきています。

　では、さっそくあなたの生活バランスを、今日から改善していきましょう。まず、自分の「生活バランスの六角形」をじっくり見つめ、満足度が低い項目を、少しでも点数を上げるために何ができるか、考えましょう。難しく考えなくても、初めは1点だけでいいのです。家庭生活の満足度が低い方は、ちょっと家族と一緒にいる時間を増やしてみる。経済的な満足度が低い方は、毎日500円玉貯金をはじめてみる。仕事の満足度が低い方は、自分が何をしたいのかノートに書き出してみる。そんな小さな一歩が積もり積もって、大きな改善に結びついていきます。まずは1点アップすることからはじめましょう。小さな行動が次の行動を生み出し次第に大きな改善へと導いてくれるのです。

心と体に栄養をのまとめ

①体が疲れれば心も疲れる。
　心と体を切り離さないで心身両面から疲労を改善しよう。
②心の体力を保つために食事はたんぱく質、ビタミン、ミネラル、リッチなバランス食を意識しよう。
③睡眠は心の元気に直結している。できれば6時間以上は眠ろう。
④ワーク・ライフ・バランスは心の充電源の充実と考えて6方向からメンテナンスしよう。

第2章の総括

　本章では、ストレスの多い医療現場で、医療従事者自身が良好なメンタルヘルスを保つために有効な「セルフサポートコーチング」の手法を解説しました。

　まず、「ココロ充電池モデル」で自分自身の状態をきちんと把握すること、次に充電切れの予防のために「ストレスの意識化」や「マイ・ストレスサインのチェック」をすること、そして、ココロのエネルギーが落ちてきたときの対処法として四つの手法を解説しました。さらに、心身に体力をつけるための「食生活の知恵」「睡眠」「生活バランス」についても紹介しています。これらの手法は自分一人で取り組めることばかりです。

　医療従事者は、完治に向けて頑張っている患者さんやあるいは治らない病気とこの先もずっと付き合っていかなければならない患者さんの闘病生活を支え、寄り添ってサポートしていく役割を担っています。いわば、患者さんの今後の闘病上の目標達成をサポートするコーチが医療従事者です。そのコーチとしての役割を果たすには、常に自分自身の心身のケアを行い、生き生きとしていることが大切ではないでしょうか。また、心身が健康でなければよい笑顔もよいコミュニケーションも生まれません。セルフサポートコーチングを心がけて快適ではつらつとした毎日をつくり出してください。

第3章

上司と部下の良好な関係をつくるスキル

～マネジメントコーチング～

1 上司・部下に求められる能力

1 上司と部下に必要なコミュニケーション能力とは

　本章では、医療現場での人間関係のうち、上司と部下の関係に焦点を合わせてコーチングスキルを解説します。日常の人間関係では、専ら好きか嫌いかが中心になっていますが、相手を選ぶことができない職場の対人関係では、極力、好き・嫌いといった感情で接しないことが大切です。もちろん互いに好ましい感情があれば、チームの雰囲気をよくしますから、仲がよいことはすばらしいことではありますが、職場ましてや医療現場は仲良しクラブの集まりではありません。患者さんの安楽のために相互に協力し合い、ルールを守り和やかな場にすること、そしてチームとしての課題を達成するためにそれぞれの専門性を活かし、役割を全うすることが求められています。私たちは、医療従事者として**真摯な姿勢**で仕事に臨んでいかなければなりません。こうしたベースがあってこそ本章のマネジメントコーチングが活かされていくことでしょう。

　当然のことですが、コーチングスキルを知っていても、活かさなければ宝の持ち腐れです。実は、せっかくスキルを習っても、使いこなせない人が大勢いるようです。なぜなら人はスキルだけでは動いてく

れないからです。大事なことは向かい合う2人の間に**ラポール**が築かれていることです。すべてはここに集約されるといっても過言ではありません。ラポールとは、フランス語で「心と心の間にかけ橋をつくる」という意味をもつカウンセリングや心理療法で使われている言葉です。2人またはそこにいる複数の人々の間で、互いに相手を受け入れ、相手との間に共感と信頼関係がつくり出された状態を指します。お互いに心が通い合っていると感じられる状態ともいえます。ですから、カウンセラーやコーチは初対面であっても、その相手となるべく短時間のうちにラポールを築く努力をします。なぜならば、ラポールがなければ、どんなにすばらしいスキルをもっていても相手に伝わらないからです。では、どのようにすればラポールを築くことができるのでしょうか？　本章では、ラポールにも視点をあてながら、上司と部下に必要なコミュニケーション能力を考えていきます。

　それではコミュニケーション能力が高い人とはどのような人を指す

のでしょう？　口八丁手八丁で誰とでも上手に接することができる人でしょうか。言葉巧みに相手を操るような人は一方通行のコミュニケーションで相手を従わせているだけかもしれません。コミュニケーション能力が高い人は、相手の立場に立ち相手を思いやれる人です。相手に合わせて、目的に合った情報や気持ちを状況に応じて出すことができる状況対応能力に優れた人こそコミュニケーション能力が高い人といえると思います。しかし、いかに状況対応能力に優れていても、相手の信頼を得られなければコミュニケーションは成立しません。コミュニケーションは受け取る相手の受け止め方が問題だからです。あなたは、どんな人ならば信頼できますか？　「約束や時間を守る人」「思いやりのある人」「真の勇気がある人」「人が嫌がることでも率先垂範する人」「嘘をつかない人」等いろいろ考えられますね。人は付き合ってみなければその人がどういう人かはわかりませんが、短いふれあいでも「この人ならば信頼できる」と感じることも事実です。相手に受け入れてもらうには、できるだけ早く信頼を感じてもらえるように（すなわちラポールが築かれた状態をつくる）ふるまうことが求められます。

　上司と部下の良好な関係をつくるために、マネジメントコーチングではラポールを築く技術と自分を知るという心理の両面からのアプローチを試みます。

　コーチングスキルを有効活用するためにも、まずは、自分自身のコミュニケーション能力を再確認しましょう。

❷ 自分を知ること

　心理学でよく言われることですが、私たちは自分の見たいように見

て、聞きたいように聞くのだそうです。要するに人は物事を自分の都合のよいように解釈をするということです。これは本当の自分を知る妨げにもなります。自分を知らずして相手と接すれば、相手に対して誤った思い込みをするかもしれません。それではコーチング効果は半減することでしょう。

　自分を知る方法はいろいろありますが、以前受講したセミナーで「私は○○です」という文章を20個あげるという作業がありました。20個を何とか書き終えると、名前や性別、外見、長所や短所、ありのままの自分や隠している自分、ありたい自分等さまざまな自分が現れました。そのなかで私は、本当の自分を書いていない箇所を自分でわかっていました。誰に見せるわけでもないのに隠していたのです。また自分に対して厳しすぎるあるいは甘くとらえているところもありました。人の特徴に良い悪いがあるわけではないのですが、例えば、「外見より内面が大事」と思っている自分を知るなど書き出すと気づくことがあります。そのことがどのような意味をもつのかを考えるきっかけにもなります。そうした気づきを得ることがこの作業で求められていることでした。

　客観的に感じた自分をそのまま受け入れられるようであれば、他人のありのままも素直に受け入れられるのではないかと思います。この作業は、自分が知っている自分を思い起こしているのですが、実は、本当の自分を知るにはそれだけでは不十分です。自分は知らないけれど、他人が知っている自分も明らかに自分であることに間違いありません。このことは、心理学者ハリー・インガム（Harry Ingham）とジョセフ・ルフト（Joseph Luft）の「ジョハリの窓」という人間の心の四つの領域によく表されています。四つの領域は以下のとおりです。

- 開かれた窓：自分も他人もよく知っている領域
- 盲目の窓：他人は知っているが、自分は気づいていない領域
- 隠された窓：自分が知っている他人に隠している領域、他人は知らない領域
- 未知の窓：自分も他人も気づいていない領域

　盲目の窓から見える他者から見た自分を率直に受け入れることができれば、自己理解が進んだといえます。耳の痛い話であっても他者の話に素直に耳を傾けることが大切です。隠された窓を広げるためには、秘密にしておきたい自分の欠点や弱点を思い切ってオープンにします。伝えることは勇気がいりますが、案ずるより産むがやすしで、自分が思うほど人は気にしていないようです。むしろ自分の欠点すら自然体で話せる気取らない性格であると親しみをもたれるかもしれません。盲目の窓と隠された窓を開放することで、開かれた窓が一層広がり、自己開示が進みます。開かれた窓が大きくなれば、未知の窓は当然小さな領域になりますが、小さくなることで自分の能力や才能が見つけやすくなります。

　人は見知らぬ人には警戒心をもつものですが、オープンな人には安心して近づきます。他者から見た自分を受け入れ、自分の性格やものの見方・考え方、コミュニケーション・スタイルをリーダー自身が理解することは、メンバーへどのような影響力があるかを知ることにもつながります。開かれた窓はとても自由でオープンな安心の場、ラポールが築かれる場です。上司も部下も相互に伝え合うことができ、効果的なコミュニケーションが促進されることでしょう。

　しかし、実際、私たちはそんな簡単には自己理解や自己開示はできません。ところが不思議なことに、コーチをつけたり、覚束ないなが

開かれた窓	盲目の窓
隠された窓	未知の窓

らもコーチングスキルを使って試行錯誤を重ねるうちに、否応なしに自分の状態に気づかされていきます。そして、自分が変わらなければ、コーチングが機能しないことに気づくのです。コーチングという外からの刺激によって自己理解が進むといった変化が起こることも確かな事実なのです。

3 相手との対等なふれあいを意識する

　私たちはコミュニケーションをとるとき、図3-1の構造図のようなさまざまな影響因子のなかで交流を図ります。この図は**交流分析理**

図3−1　ふれあいの構造図

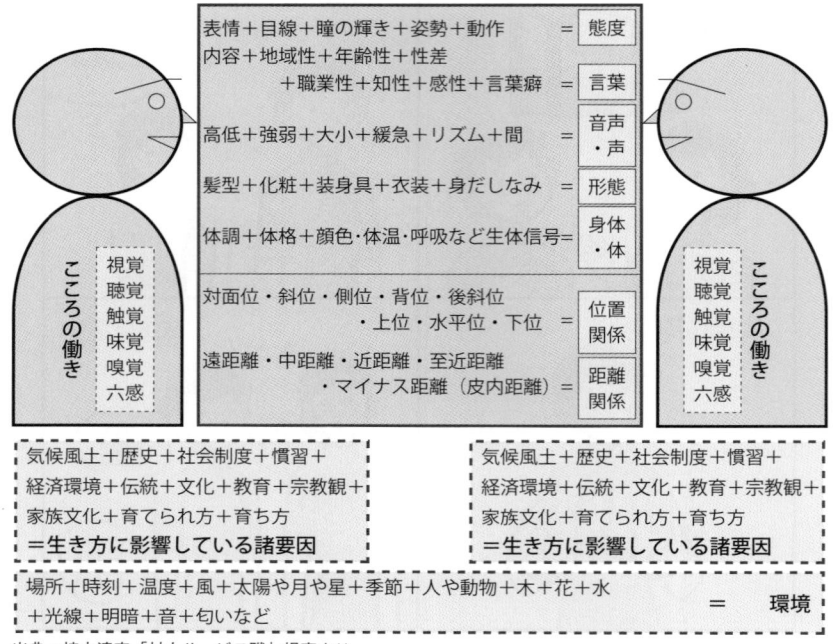

項目	=
表情＋目線＋瞳の輝き＋姿勢＋動作	態度
内容＋地域性＋年齢性＋性差＋職業性＋知性＋感性＋言葉癖	言葉
高低＋強弱＋大小＋緩急＋リズム＋間	音声・声
髪型＋化粧＋装身具＋衣装＋身だしなみ	形態
体調＋体格＋顔色・体温・呼吸など生体信号	身体・体
対面位・斜位・側位・背位・後斜位・上位・水平位・下位	位置関係
遠距離・中距離・近距離・至近距離・マイナス距離（皮内距離）	距離関係

左側人物：こころの働き／視覚・聴覚・触覚・味覚・嗅覚・六感
右側人物：こころの働き／視覚・聴覚・触覚・味覚・嗅覚・六感

気候風土＋歴史＋社会制度＋慣習＋経済環境＋伝統＋文化＋教育＋宗教観＋家族文化＋育てられ方＋育ち方
＝生き方に影響している諸要因（両者それぞれに記載）

場所＋時刻＋温度＋風＋太陽や月や星＋季節＋人や動物＋木＋花＋水＋光線＋明暗＋音＋匂いなど ＝ 環境

出典：植木清直「対人サービス職」提案より

論（146ページ参照）を基盤にしていますが、対面している2人の間にどのような「ふれあい」が起きているかを見ることができます。一番下の太い点線枠は両者に共通した「環境」の内容です。その上の「生き方に影響している諸要因」は対面しているそれぞれがもつ価値観の背景となるものです。価値観はそれぞれ違いますから、1人に一つ同じ内容が書かれています。そして、イラストの人の体には、「こころの働き」と「五感と六感」があります。「こころの働き」（自我状態）は五つの種類があり、こころの働きは状況に応じて瞬時に変わります。私たちは物事を「五感」でキャッチし、脳で言語化して相手に伝えます。そのときその言葉は、人それぞれの「こころの働き」に伴って相

手に伝えられます。さらに、中央の枠内に書かれた内容、態度・言葉・音声・声・形態・身体・体・位置関係・距離関係がコミュニケーションに大きく影響します。「六感」は五感を駆使して得られる直感としてとらえます。

　こうした背景のもとに行われる「言葉によるコミュニケーション」では、相手に何か伝えるとき、実は私たちは体験したことをすべて言葉にしているわけではありません。私たちは、相手に伝えるとき、無意識のうちにたくさんの情報のごく一部だけを選んだり（省略）、「いつも」「みんな」というように「すべてがそうである」ように話したり（一般化）、「一方的に無理だ」と断定する（歪曲）など、いろいろな操作をしています。ですから「伝えたいと思っていることがそのまま伝わらない」というミス・コミュニケーションが起きるのも当然なのです。だからこそ相手から出てきた言葉の本当の意味を、質問により具体的にしてお互いの理解を確認し合う必要があるのです。省略・一般化・歪曲が起きている状態は、「言葉の塊」（44ページ参照）の状態ともいえます。質問をすることで、相手の伝えたいことが明確になり、本人に気づきが生まれ、ミス・コミュニケーションを防ぐことができます。例えば、相手が次のような言い方をする場合には、（　）内のような質問が考えられます。

- 抽象的な言い方：早くしなさい！**（いつまでに？　どのように？）**
- 省略する：彼は人気がある**（誰の判断？　どのような理由で？）**
- …するべき：冷静でいるべき**（もし、そうしないとどうなる？）**
- 一度も…ない：一度も成功したことがない**（一度もですか？）**
- 人の気持ちがわかると断定する：私は嫌われている**（どうしてわかるの？）**

その他、私たちは相手に対して先入観をもって接したり、都合の悪いことは聞かぬふりをしたり、自分勝手に解釈したり、上下関係をもち出したりすることがあります。自分のふれあいの仕方を振り返っていかがでしょうか？　こういったことに注意してふれあえば、コミュニケーションをとる相手との気持ちのすれ違いが少なくなることでしょう。コーチングは**対等な立場で行われる**ことで成果を手にすることができるのです。

4 リーダーシップ＆フォロワーシップを発揮する

　職場では、自分がもつリーダーシップやフォロワーシップをそのときの立場や役割に応じて発揮していくことが求められます。上司であれば、リーダーとして部下を束ね的確に指示を出すリーダーシップをとる必要がありますし、部下であれば上司であるリーダーに対して指示を確実に遂行し、時には上司の間違いを指摘するフォロワーシップを発揮しなければなりません。また部下の立場であっても、患者さんにはリーダーシップを発揮する場面もあるでしょう。どんなに優れたリーダーがいても、仕事は1人では成立しません。よいチームワークがとれている職場はリーダーがすばらしいだけでなく、メンバーが必ずよいフォロワーシップを発揮しています。

　リーダーに必要な能力は、「**①ビジョン実行能力**」「**②コミュニケーション能力**」「**③業務遂行能力**」の大きく三つが考えられます。それに加えてリーダーとしての「**信頼性**」といった資質が重要なことは言うまでもありません。具体的に事例を通してみてみましょう。

事例 **主任看護師と指導看護師の場合**

指導看護師 「主任、お忙しいところ申し訳ありません。今、よろしいですか？」（**許可をとる枕詞**）

主任看護師 「ええ、いいですよ。何かありましたか？」

指導看護師 「はい、実は今日の午後、病棟の詰所で○号室の○○さんからクレームをいただいてしまいました」

主任看護師 「どんなクレームだったのですか？」（**塊をほぐす**）

指導看護師 「はい、今朝予定していた○○さんの検査が急な機械の故障で延期になったのです。直前までそのことをご存じなかったということで、検査があると思い、職場の上司の方との面会を延期されていたそうなのです」

主任看護師 「そうでしたか。○○さんとしては、がっかりされますよね。連絡がうまくいっていなかったようだけれど、検査の延期はいつ、どのように、誰が伝えたのですか？」（**クローズ型質問とオープン型質問の併用**）

指導看護師 「はい、急な機械の故障で今朝、新人の●●さんから検査が延期になる旨伝えてもらいました」

主任看護師 「そうですか。新人の●●さんに伝えてもらったのですね」

指導看護師 「はい。大切な説明を新人の●●さんにお願いしたのは、ちょっと軽率だったかもしれません」

主任看護師 「新人の●●さんには少し負担だったかもしれませんね。何か気になることがあるようね？」

指導看護師 「はい、伝え方に問題があったかもしれません」

主任看護師 「伝え方が問題と思っているのね。それは大事なポイン

指導看護師　「トだと私も思いますよ」（**おうむ返し＋承認**）

指導看護師　「新人の●●さんに確認したところ、事実は伝えていました」

主任看護師　「すぐに●●さんの伝え方をきちんと確認したのはよかったですね」（**承認**）

指導看護師　「ありがとうございます」

主任看護師　「情報は伝えられているけれど、●●さんがちょっと軽率だったと感じられるのはどんなところなのですか？」（**塊をほぐす**）

指導看護師　「はい、伝え方の確認をしなかったことなのです。事実だけを一方的に伝えるのではなく、患者さんの気持ちにふれるとよいと思うのです」

主任看護師　「相手の立場に立った対応が大切と思っているのね」（**意識化**）

指導看護師　「はい、おっしゃるとおりです」

主任看護師　「指導係として、このことを具体的にはどのように活かしたいと思っているのかしら？」（**未来型質問**）

指導看護師　「はい、相手の立場に立った言葉の使い方を再確認したいと思います。具体的には、枕詞やクッション言葉の使い方と効用です」

主任看護師　「それはいいですね。具体的な事例があると新人の看護師も理解しやすいと思います。自然に取り入れられるようになると患者さんとのふれあいがもっとスムーズになりますものね。言葉の使い方は、いつ指導する予定ですか？」（**行動宣言**）

指導看護師　「ちょうど接遇研修を来週に控えていますので、提示してみます」

主任看護師　「よろしくお願いしますね。患者の○○さんへのフォ

> ローは大丈夫ですか？」
> **指導看護師**「はい、先ほど新人の●●さんと一緒に説明にうかがいました」
> **主任看護師**「それを聞いて安心しました（Ｉメッセージ）。△△さんに任せておけば大丈夫ですね（**承認**）。協力できることがあればいつでも言ってくださいね（**行動のサポート**）」
> **指導看護師**「はい。相談にのっていただきありがとうございました」

　逆に部下はフォロワーとして、上司と信頼関係を築き、自分自身の判断基準をもちながら、時には上司へ直言できるほどに自立的に行動できる人材であることが求められます。逆に言えばそれぞれの専門分野を統括する立場のリーダーはそういうフォロワーを育成する必要があります。育成方法の一つとしてコーチングは有効なスキルです。こうしたコミュニケーションの活性化は、チーム医療の質を高め、結果的に患者さんの安心にもつながっていくと考えられます。

　さて、次のようなフォロワーシップが発揮できたとしたらいかがでしょう？

　検査結果を聞きにきた患者さんが、医師の話のなかで難しい言葉があり意味を聞いたところ、「そんなこと聞いてどうするの？」と言われて何も言えなくなり、退室しました。ここでフォロワーシップの出番です。患者さんが退室した直後に「先生、今の患者さんですけど、とても不安そうな様子でした。お忙しくて大変だと思いますが、もう少し丁寧に説明されると、きっと安心なさるのではないでしょうか？」と伝えたところ、「そうだね。もう少し詳しく説明してあげたほうがいいかもしれないね。もう一度呼んでもらえるかな」との返事。医師

も何気なく言ってしまった言葉に後味の悪さを感じているかもしれません。あなたの一言が患者さんと医師とのコミュニケーションをスムーズにし、よい結果が生まれたらうれしいですね。こうしたフォロワーシップが発揮できるのも、**日頃の信頼関係**があればこそです。

　私たちが仕事で達成感を得られるのは、成果が得られたときはもちろんですが、自分の力でチームに貢献できたとき、そしてチームのメンバーが目的に向かって一体となって進んでいるときではないでしょうか。上司より権限委譲されるときは、ある意味で上司が部下のフォロワーの立場にまわる柔軟性を発揮しているともとらえられます。上司と部下はともに信頼関係を築きながら、チームとしての目的・目標達成のために**相互に補完し合い**、もてる力を発揮できるように**協働する**ことが求められています。

上司・部下に求められる能力のまとめ

①相手に対しての敬意や信頼（ラポール）を感じればこそ、相互に受け入れる姿勢が整う。

②自分を知らずして指導する立場に立てば、独断と偏見で相手を判断しないとも限らない。自分の可能性を広げ、自己実現に向かうためにも客観的に自分を見つめることが必要である。

③コーチングは双方向の関係で行われる。一方通行にならないように言葉を仲立ちにしてお互いによく聴き合おう。目標に向かってともに進んでいくことが求められているからである。

④個々にもっているリーダーシップとフォロワーシップを状況に応じて柔軟に活用することで、より強力なチームづくりができる。

　人間関係の問題は、コミュニケーションの問題が多い。上司・部下ともに自我状態をコントロールし、相互に敬意をもって接することが大切である。

2 交流分析理論で自分のコミュニケーション・スタイルを知ろう

　上司・部下がともに自分のコミュニケーション・スタイルを知ることで客観的に自分に気づき、他者とのかかわり方への改善ができます。自分を知り、そして相手とのよりよいふれあいを意識していくための手がかりとして、「交流分析理論」が産業界、教育界、医療界等で使われています。

1 交流分析理論（Transactional Analysis；TA）とは

　交流分析理論は、頭文字をとって **TA** と呼ばれています。TA はアメリカの精神科医エリック・バーン（Eric Berne）によるもので、自分に気づき、自律的に生き、他者との親密な交流を目指すことを目的としています。理論は、四つの分析（構造分析、対話分析、ゲーム分析、脚本分析）と三つの理論（ストローク、人生態度、時間の構造化）から成り立っています。

2 エゴグラムで自分のコミュニケーション・スタイルを知る

　TAでは、人間の心はP（Parent；親の自我状態）、A（Adult；大人の自我状態）、C（Child；子どもの自我状態）の三つに分かれているとしています。自我状態とは、私たちが感じたり考えたり行動したりするときの心の状態です。そのときの心理状態によって、自我状態のバランスにその人らしい特徴（考え方や言葉、行動）が現れます。その傾向を**コミュニケーション・スタイル**と呼びます。自我状態にはそれぞれ長所と短所があり、本来の働きが機能されればよいのです。どれが良い悪いというものではありません。自我状態をグラフで視覚的にとらえたものが**「エゴグラム」**と呼ばれるものです。

　自分のふれあいの仕方や癖に気づき、相手のかかわり方がわかれば相手に合わせる工夫ができます。自我状態を知ることは快いふれあいのための有効な方法です。基本的に、エゴグラムの数値が一番高い自我状態にその人らしさが現れますし、低い数値は、その人の弱点になります。今から、エゴグラムの質問で、自分のコミュニケーション・スタイルを理解しましょう。自我状態の心の働きは、表3-1の五つの要素で表されます。

　さて、こんなとき、あなたならどうしますか？

【Q】 外来の受付が混んでいます。患者さんが「さっきからだいぶ待っているんだけど、あとどれくらい時間がかかるんですか？」とイライラした様子で尋ねてきました。
① 「みなさん、お待ちいただいているので、もう少しご辛抱おねがいできますか？　あとどれくらいか確認してまいります」と、はっきり

伝えます。

②「お待ちいただいていて申し訳ございません。ご気分はいかがですか？　お時間を見てまいりますので、もう少々お待ちいただけますか？」と優しい表情で伝えます。

③「何時頃受付されましたか？　ただ今○番ですので、あと○人で診察が受けられると思います。もう少しお待ちいただけますか？」と、具体的にしっかりと伝えます。

④「大丈夫ですか？　受付番号は何番ですか？　○番、ああ、もうすぐですよ。あと少しお待ちくださいね。すみませ〜ん」と明るい表情と声で伝えます。

⑤「休日明けのものですから、お待たせしてすみません。あの〜、あと少しなのでご辛抱いただけますか？」と、腰を低くして、小さな声で申し訳なさそうに伝えます。

表3-1 五つの自我状態

自我状態（本来の働きの状態）	特徴
CP（Critical Parent） 価値づける私	文化、伝統を守り、責任感や使命感が強く、理想を求めます。完璧を目指すので、妥協を許しません。自分の価値観には自信をもっています。曲がったことが嫌いで、道徳に反するようなことには抵抗を感じます。頼もしい一面、融通がきかず頑固なところがあります。低すぎると、ルーズで無責任、人の意見に惑わされます。
NP（Nurturing Parent） 思いやる私	とても面倒見がよく、自分より他人を優先します。困っている人を見過ごしにできず、何とかしてあげたくなります。十分な思いやりをもって人と接することができ、親切で優しさを感じます。世話を焼きすぎて、少々お節介な面があります。低すぎると、思いやりに欠け、他者の心の痛みがわかりにくいようです。
A（Adult） 考える私	非常に落ち着いた知性あふれる雰囲気をもっています。多角的に物事を冷静に判断し、人とは平等に接しようとします。計画的に物事を考え、情に流されにくく、高すぎるとクールで理屈っぽい印象です。人の気持ちより事実を優先させる傾向があります。低すぎると考え方があいまいで記録や確認が甘く、判断が適切でなくなります。
FC（Free Child） あるがままの私	自分の感情や欲求のおもむくままに動きます。とてもエネルギッシュで、明るく自然体です。直感力、想像力ともに優れているので、伸び伸びと自由な発想で行動します。周りの人に合わせるよりもマイペースで動き、好き嫌いがはっきりしています。低すぎると、萎縮した感じで、思うことがあってもあまり声に出しません。
AC（Adapted Child） 合わせる私	協調性が高いので、周りの人との連携はよくとれます。素直で他人を信頼します。相手に合わせることを優先させるので、組織のなかでは、何でも引き受けてしまいがちです。素直で誰とでも仲良くなれますが、自分の感情や本心をあまり表さず、他人の言動に左右され、意思決定が苦手です。低すぎると、周りに合わせることをせず、非協力的で、融通がききません。

似通っていますが、①～⑤は五つの自我状態の特徴に合った対応で答えています。あなたは比較的何番の答え方に近いでしょう？　どれが良い悪いではありませんが、答え方にあなたらしさが現れるのです。エゴグラムの質問であなたらしさをさらに詳しく見てみましょう。表3-2の問いにできるだけ直感的に○、△、×をつけてください。集計後、エゴグラムをつくります。点数の多い**自我状態**が、あなたのものの見方や考え方、行動の特徴（コミュニケーション・スタイル）を表しています。また、代表的なエゴグラムのパターンを図3-2に表しましたので、参考にしてください。

　あなたのエゴグラムはどの自我状態が高いでしょうか？　年齢、環境、心身の状態によっても自我状態は変化します。職場と家庭とでは、違う数値が出ることもあります。その人の性格を決めつけるものではありませんが、あなたがよりよくありたいと考え、自分の望ましい姿に近づきたいと思うならば、低い自我状態を高めることで、自分を変えていくことが可能です。それが、次の項目で解説する自我状態をコントロールする方法です。

３　自我状態をコントロールする

　私たちは、「過去の事柄」と「相手」を変えることはできませんが、**「自分を変える」「未来を変える」**ことは可能です。そしてそれが、相手との快い関係をつくる一番の近道です。あなたはどの自我状態を高めることでありたい姿に近づくことができそうですか？　自我状態の低い数値を高めるために、ここではどのようにすれば自分を変えられるかのヒントをお伝えします。

①変わるためには、絶対に自分を変えるという強い意思をもちます。

②他人が見たり聞いたりしたときに、はっきりと変わったと感じられるくらいに外見や言動を変えることが大きなポイントです。
③一度の失敗を恐れずに何度でも挑戦します。

それでは、五つの自我状態を高めるための具体的な方法をお伝えしましょう。

① CP（価値づける私）を高めたい：厳しく頑固な監督になろう！
- 新聞、テレビ等を見て、声に出して批判をする。「私は〜と思う」とはっきり自分の考えを言ってみる。
- 時間、約束、期限、金銭にこだわり、必ず守る。
- 何か一つ最後まで譲らず頑張る。

② NP（思いやる私）を高めたい：ナイチンゲールのような優しさを目指そう！
- 相手のよい点を見つけて、言葉にして伝える。
- 家族や友人に機会を見つけて、小さなプレゼントをする。
- 小動物や草花などを心を込めて世話をする。

③ A（考える私）を高めたい：コンピューターのように分析して考えよう！
- 言いたいことやしたいことを文章にして何度も読み返す。
- 5W1H（What、When、Where、Why、Who、How）で考える習慣をつける。
- 1年、1か月、1週間、1日のスケジュール帳や家計簿をつける。

④ FC（あるがままの私）を高める：お調子者を演じてみよう！
- 積極的に娯楽を楽しむ（旅行、スポーツ、映画、カラオケ等）。
- 冗談を言ったり、よく笑うようにする。
- おいしい、うれしい、楽しい、おかしいといった気持ちを声に出してみる。

表 3-2　エゴグラム質問紙

次の質問に、はい（○）、どちらでもない（△）、いいえ（×）で答えます。
普段の自分の言動を思い出し、感じたまま、深く考えないで答えてみて下さい。

CP　価値づける私（　　）

1．経験を主にして物事を決めます。
2．しきたりや慣習を守ります。
3．自分の意見を言います。
4．相手を批判します。
5．礼儀作法を守ります。
6．「してはいけない」と言います。
7．約束事を守ります。
8．自分でしたことに責任を持ちます。
9．やり方などを教えます。
10．決めたことはやりとげます。

NP　思いやる私（　　）

1．人をほめます。
2．人の世話をします。
3．人にやさしくします。
4．人を信頼します。
5．人を丸ごと受け容れます。
6．人を慰めます。
7．人を育てます。
8．相手の気持ちを受け止めます。
9．人にゆるやかに接します。
10．人の話を終わりまで聞きます。

A　考える私（　　）

1．事実で判断します。
2．話の内容を確かめます。
3．細かに観察します。
4．過不足や適否を判断します。
5．事実を踏まえて予測します。
6．必要な情報を集めます。
7．筋道を立てて話します。
8．詳しい計画を立てます。
9．テキパキと処理します。
10．したことを振り返ります。

FC　あるがままの私（　）

1. 食事を楽しみます。
2. 感じたままに表現します。
3. 思いつきがあります。
4. のびのびと振る舞います。
5. 自分から進んでします。
6. いろいろなことに興味があります。
7. 感じた通りにします。
8. 好き嫌いを感じたままに言います。
9. 現実にないことを想像します。
10. 気軽に行動します。

AC　合わせる私（　）

1. 相手の意見や主張に合わせます。
2. 相手に同意を求めます。
3. 周りの人に合わせます。
4. 人に認められようとします。
5. 人によく思われるようにします。
6. 人の言うことに従います。
7. 言われたとおりにします。
8. みんなと協力します。
9. すなおに謝れます。
10. おだやかに事を運びます。

・それぞれ、○2点、△1点、×0点で、合計点を出します。

自我状態 点数	CP	NP	A	FC	AC

・各自我状態の得点を結んで折れ線グラフにします。

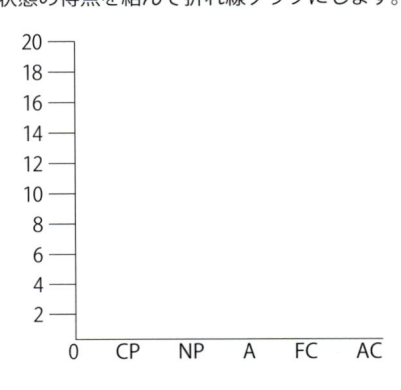

出典：アカデミア TA 自己洞察テストより

図3-2　エゴグラムのパターン例

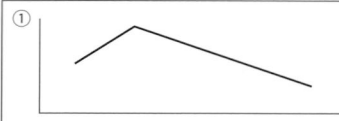

①
CP　NP　A　FC　AC
・私もOK！あなたもOK！
　まわりとのトラブルが少ない傾向。
　自分をよく見せたがる人もいる。

②
CP　NP　A　FC　AC
・私はOK！でないが、あなたはOK！
　自分を抑えて、相手にひたすら尽くす。
　ストレスをためやすい。

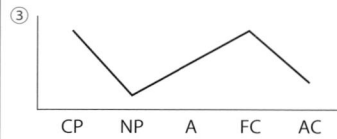

③
CP　NP　A　FC　AC
・私はOK！だが、あなたはOK！ではない。
　自己中心的で　周囲との摩擦が起きやすい。
　他者への配慮に欠け、マイペースを貫く。

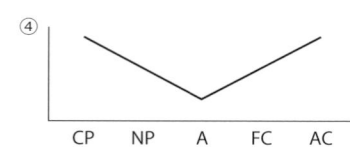

④
CP　NP　A　FC　AC
・責任感、使命感があるが、同時に周りの評価が気になる。完璧主義な傾向があり、周囲とのギャップに悩む。

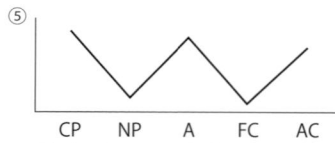

⑤
CP　NP　A　FC　AC
・分析力もあり、仕事ができるだけにストレスがたまりやすい。目標が高く、現実に満足できない。

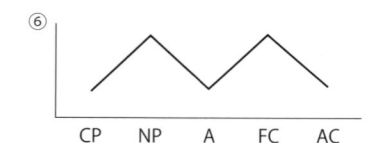

⑥
CP　NP　A　FC　AC
・明るく、朗らかで楽天的な傾向。
　思いやりもあり、好奇心旺盛でどうにかなるという面もある。

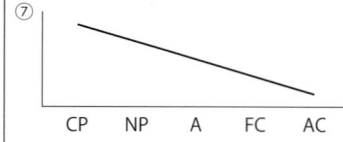

⑦
CP　NP　A　FC　AC
・自分の考えを押し通し、周りの言うことには耳を貸さない。あなたはOK！ではない。

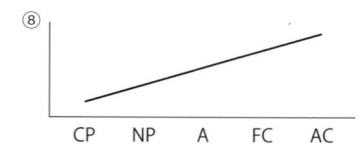

⑧
CP　NP　A　FC　AC
・いつも周囲に気を遣い、依存的。
　私はOK！ではない。

⑤ AC（合わせる私）を高める：あなただけが頼りを貫こう！
- 言いたいことがあっても、三つの内、二つは言わずに我慢する。
- 人が話しているとき、自分の意見を挟まず、とにかく最後まで話を聞く。
- 部下や後輩、子どもの言うことを聞いて、従ってみる。

4 上司・部下とのコミュニケーション・スタイルに合った接し方を身につけよう

　ここでは、相手の自我状態の傾向（コミュニケーション・スタイル）を理解したうえで、あなたがその人とどのようにふれあえばよいかのヒントを述べます。ぜひ参考にしてください。きっとコミュニケーションを円滑に進める一助となります。まず、具体例を2例あげ、そのあと、各自我状態の傾向の対応例を列記します。

① CP傾向の先輩看護師の場合

　何事もあいまいな態度を嫌います。報告書の書き方が書式に則っていないと必ず書き直しです。時間厳守は絶対です。髪型に少し乱れがあっても注意されます。先輩が厳しいと感じる後輩はぜひ礼儀正しく接することを心がけましょう。きちんとした姿勢を大切にするからです。指示命令を受けるときは、メモと復唱確認があるとよいでしょう。メモをとる姿勢や再確認の様子に好感をもつからです。お世辞を言われたりすることは好みませんから注意が必要です。

② AC傾向が強く、同僚や先輩に頼ってばかりの部下の場合

　知識はあるものの、自信がない様子です。思いやりもあり、仕事は

まじめに一生懸命するのですが、いつまでも独り立ちができません。思ったことを伝えられないのでは自分にストレスがたまり、患者さんのお世話どころではなくなります。もしFCが低いようであれば、解放させてあげましょう。仕事だけではなく、気分転換が図れるように配慮します。失敗を非常に恐れますから、成功確率の高い仕事を与えて自信をつけさせましょう。小さなことでも承認を忘れずにすることです。コーチングアプローチが功を奏するはずです。結果をとがめず、失敗したことから得られることを考えさせるなどAを高めていくとよいでしょう。

　以下に、各傾向の対応例をまとめました。

①相手がCP（価値づける私）傾向
- 約束した日時や事柄をきちんと守りましょう。
- 返事はできるだけ早く、メールで返事を出しても大丈夫です。
- 相手の話を最後まで誠意をもってしっかり聞きましょう。
- きちんとした対応をすれば必ず応えるタイプです。
- 冗談はあまり通じません。

②相手がNP（思いやる私）傾向
- 相手に相談するようにします。
- 「これは提案なのですが、聞いていただけますか？」と丁寧に対応します。
- どちらかというとゆっくりと考えたい人なので、時間の余裕が大切です。
- 「もっとよくするにはどうしたらよいでしょう？」と頼ります。
- 「ありがとうございます」感謝の言葉で幸せになれる人です。

③相手がA（考える私）傾向
- 手順をきちんと踏んだ付き合い方を好みます。

- 感情が現れにくいので、戸惑うかもしれませんが、伝わっています。
- 声が淡々としていますが、惑わされず、具体的な答えの出る質問をします。
- 予定や計画、数量等を明確にするとわかりやすいと受け止めてもらえます。
- 理由をはっきり伝えると納得してくれます。

④相手がFC（あるがままの私）傾向
- なるべく自由に付き合うと伸び伸びと楽しく、その人らしさを表現します。
- ノリがよく、フランクな表現方法を好みます。
- 気が変わりやすい傾向なので、最後の確認をきちんと行いましょう。
- 褒められるとごきげんです。承認（55ページ参照）を上手に使いこなしましょう。
- あまり理詰めで話すと敬遠されます。

⑤相手がAC（合わせる私）傾向
- ぐずぐずしている感じがしますが、あえて質問をして思いを引き出します。
- いつも相手に合わせるタイプですが、合わせてもらうのも安心のようです。
- 選ぶのに少し時間がかかりますが、焦らず待ちましょう。
- 我慢している分、爆発することがあります。追いつめないことです。
- 無理強いは禁物です。

交流分析理論で自分のコミュニケーション・スタイルを知ろうのまとめ

①客観的に自分を知ることで、ありたい姿に近づくことが可能である。それは他者とのよりよいかかわり方に活用できる。また部下の能力開発や適性を知るきっかけにもなるだろう。

②自分を変えることは、結果として相手が変わる可能性を導くことになる。そのためには、コロコロ変わる瞬時の自我状態をコントロールできるようになることがポイントである。

③相手やその場の状況に対応して、五つの自我状態をフル活用させる。NPを活かし、相互に相手を思いやり、よい聴き手になること、そしてFCを活かし明るく快いふれあいの職場をつくろう。

3 相手とのかかわり方を工夫する

　マネジメントコーチングの最終ラウンドは、自分自身と相手のコミュニケーション・スタイルを理解したうえで、どのようにすればさまざまなタイプの相手と快くかかわることができるのかを考えましょう。

1　信頼関係を築く"聴き方"

　聴くための基本的な姿勢は、第1章にあるように、**ゼロポジション**で傾聴することです。ここではそれを踏まえて、単なる良好なコミュニケーションを得るステージからさらに一歩進めて、深い信頼関係を築く方法を考えてみましょう。

　あなたは今、この章を読みながら、瞬間いろいろなことが頭をよぎっていませんか？　私たちが、人の話を聞いたり、テレビを見たり、本を読んだりしているとき、確かに聞いたり見たりしているのですが、実際のところ、聞きながらほかのことを考えたり、見ながら違うことをイメージしたりすることはよくあることです。一般的に考える速度は話す速度の4倍ものスピードだそうですが、問題はそのとき、関心は相手やモノではなく、自分に向いているということです。話を聞きながら、自分だったら「こうする、ああする」といったような考えが浮かんでいることがありませんか？　もしそうならば、ずばり、その

状態は相手の話をちゃんと聴いていない状態です。

　相手に関心を向けるには、相手の話に好奇心と興味をもつことです。赤ちゃんは見るもの聞くもの初めてのことばかりですから、好奇心の塊です。気になるものを触り、じっと見つめ、たたいて音を聞き、なめたり、においをかいだりと五感フル活用で初めてのモノに神経を集中させます。私たちもそれくらいの集中力で傾聴すれば、相手の話の真意を受け止めることができるかもしれません。そうした集中をするために有効なスキルがあります。その一つが「**おうむ返し**」（30ページ参照）です。相手の言葉を繰り返すためには、相手の話を本当に集中して聞いていないととても難しいのです。

　みなさんは、自分で話をしているうちに考えがまとまっていった経験がありませんか？　コーチングやカウンセリングでは、自分で話した内容を自分が発する声で受け止め、そこに気づきが生まれ、それに反応して新たな言葉がまた出てくるという自問自答状態が起こります。こうした言葉の循環作用を「**オートクライン**」と呼んでいます。「おうむ返し」は、コーチやカウンセラーが自分が発した言葉を再度繰り返してくれるので、オートクラインを引き出すためにとても有効なスキルです。

　コーチングは傾聴によって、オートクラインの状態を意図的に引き起こしているといってもよいかもしれません。私が患者として経験した会話を例にあげてみましょう。

会話例　オートクライン

私「85歳になる母が一人暮らしをしているんです」
スタッフ「85歳のお母様が一人暮らしをしていらっしゃるんですね」

> 私「ええ、そうなんです。高齢なので大丈夫かなって心配になります」
> スタッフ「ご高齢なので大丈夫かなって心配になるのですね」
> 私「ええ……（沈黙）……」

　最後の「ええ……」で私は沈黙をしました。このとき私の頭のなかでは「こうして仕事ができるのは母が元気で暮らしてくれるおかげだ。もし具合が悪くなったらどうしよう。一人暮らしで自由で楽しそうにしているのはいい。一緒に暮らすとそうはいかないだろうな」などといろいろな考えが頭を駆け巡る「オートクライン状態」が起きていました。この状態のときにスタッフに話しかけられると、私の思考が中断されて考えが先に進まなくなります。相手に沈黙されると聴く立場

の人は落ち着かないかもしれませんが、ここはグッと我慢です。そこで解決できるか否かは別ですが、相手に関心をもち続け、待つことで、必ず相手が何らかの答えを見つけて思いを言葉にします。自分を待っていてくれる**その姿勢が相手との信頼を育んでいく**のだと思います。

　信頼関係を築く聴き方のためにもう一つ大切なことは、聴く立場の人の姿勢です。相手より優位に立とうとしたり、常に自分がリードをしていないと気がすまないといったことがあれば、人はそうした姿勢には自然と嫌悪感を抱くものです。相手に共感し、思いやりのある態度は一層の信頼関係を深めていくものと考えます。

2　承認を意識する

　コーチングの承認は、相手を褒める、相手の存在を認める行為や言葉を指します。努力したことを認めてもらえ、そして褒めてもらえれば、わかってくれたことへのうれしさがわき上がり、次も頑張ろうという意欲が高まります。

　これが承認の大きな効果です。気づいたけれど、相手に伝えなかったということはありませんか？　それでは、相手の心の扉を開くことは難しいでしょう。あなた自身は周りの人（上司、親、パートナー、子ども、同僚、友人等）からどのように言われたいでしょうか？　本心を書き出してみてください。本当に欲しいものは、周囲の**心からの承認**ではないでしょうか？　以前セミナーで、今まで一番印象に残っている最高の承認を思い出してもらい、分かち合いをしたことがあります。最高の承認について話しているときの輝いた表情は今でも忘れられないほどです。

　次の言葉は、印象に残った承認の言葉です。あなたが言われたとし

たらどんな気持ちになりますか？　考えてみてください。

- 「○○さんがまじめに仕事をしているのを知っているから安心して任せられるよ」
- 「○○さんがいてくれて本当によかった」
- 「あなたにしかできなかったことよ」

　相手のよいところを見つける努力をしていなければ、承認はできません。褒めるだけでなく「叱る」「任せる」も大切な承認ですが、そのためには、相手とふれあう回数を頻繁にすることです。相手の変化や強み、弱みを知らなければなりません。

ストローク

　さて、交流分析理論（TA）では、「**ストローク**」が承認の意味合いをもちます。交流分析でいう「ストローク」とは、他者の存在や価値を認めるための働きかけや行為を指します。職場ならば、「元気？」と声をかけ合ったり、肩を軽くたたいたり、笑顔を交わしたりすることで「ストローク」を交換しています。こうした快いふれあいがあると自分も周囲も心が開きます。人間は「ストローク」すなわちふれあいなくして生きることはできません。最悪な「ストローク」は無視、つまり「ノーストローク」です。人はふれあいをもらえないと、ふれあい欲しさに悪いことをしてでも人の気を引こうとするものです。コーチングの承認のスキルを有効に使うためにも、ストローク本来の意味を理解しておくことは役に立つはずです。

ストロークの種類

　続いて、ストロークの種類についてですが、大きく分けると**快と不快**の二つです。出勤してきたときに、「おはよう」と挨拶します。「おはよう」と返事が返ってきます。上司に報告したときに「わかりやすい報告で助かったよ」と声をかけられたり、ドアを開けて会釈したら、手を振って合図してくれた、などこういったことすべてがストロークです。些細なことですが、明るい気持ちになりませんか？　これはみんな**快いストローク**なのです。反面、「おはよう」という挨拶に対して、わかっているはずなのに顔も見ないでボソッと小さな声で返事をしたり、上司が「まったく何度言ったら、わかるのかなぁ」と声を荒げたり、あるいは手を貸そうとしたら、振り払われたり、こうした**不快なストローク**が続くと当然つらい気持ちになり、意欲も低下していきます。自分は嫌われているダメな人間なんだと感じてしまいます。快いストロークが多ければ、自分は周りの人から愛されている、認められているという気持ちになり、とても前向きになれるものなのです。

　さらに、ストロークには、**条件つきと無条件のストローク**がありますが、これも快と不快に分けることができます。子どもの頃、お手伝いをしたら、おやつをあげましょうと言われたことはありませんか？　これが「条件つきのストローク」です。いつもある条件と引き換えに何かを要求されていると、時として不快なマイナス感情を引き起こすこともあるかもしれませんが、例えば、野球の出来高制のように「〇〇の成果を出せたら、〇〇の報酬を渡す」といういわゆるインセンティブも条件つきストロークで、これにより一層努力するのであれば、決して悪いことではありません。頑張った自分へのご褒美も同じですね。

さて、もう一方の「無条件のストローク」ですが、これは「何があってもあなたを信頼している」「愛している」といった一切の駆け引きのないストロークを指します。ただ自分がそこにいるだけで、すべてを受け入れてもらえるとしたら、この安心感はとても大きいでしょう。**無条件の快いストローク**は最高・最強のストロークなのです。

■ストロークの特徴

ストロークには次のような特徴があります。

- 仕事で疲れて座っているときに高齢の方が乗車してきました。「席を譲らなくては」と心のなかでどんなに思っていても**言動に表さなければストロークにはならない**のです。
- いつも優しくされれば、相手の方が困ったときにはお返しをしようと思います。いつもいやな気持ちにさせられれば、逆にいつか仕返しをしてやろうと思うこともあるのです。快・不快にかかわらず、**ストロークは与えれば与えるほど、受け手はストロークを返したい**気持ちになります。
- ナースステーションで「○○はありませんか？」と尋ねました。瞬間もう一人の看護師に目配せしました。何かまずいことでも聞いたのだろうかとその目配せは非常に不快でした。**表情や態度は、言葉以上に相手にストロークを与える**のです。
- いつも快い肯定的ストロークを意識し、使いこなせるようになると、相手を叱らなければならないときにも、この人の言うことならば聞こうと**相手が受け入れる姿勢をつくる**のです。

いかがでしょう。前述の「快いストローク」の部分をコーチングの「承認」に置き換えても同じような意味として理解できるのではないでしょうか。あらためて「承認」の重要性を強く感じてもらえたかと思います。

ただ、ここで一つ問題があります。それは「承認」の重要性は十分に理解できるけれど、どうしても「承認」をスムーズにできない自分を感じる場合です。例えば、親切にされたことがわかっているのに、意に反してお礼を言い損ねたり、挨拶をしそびれたりしてしまうことです。悪気はないのですが、素直な言動をとれないことがあるのです。もし、あなたがどうも「承認」が苦手かもしれないと感じたとしたら、心理学者のクロード・スタイナー（Claude Steiner）による次の「ストローク経済の法則」を意識してみてください。「ストローク経済の法則」とは、富めるものはますます富み、貧しいものはますます貧しくなるという貧富の格差を生む経済の流れにちなんだ考え方です。以下に紹介するのは貧困の法則ともいうべきものです。

(1) 与えるストロークがあってもストロークを与えるな

　褒めすぎるとくせになると思い込んでいる場合です。素直に思っていることを表現してよいのです。例えば、相手のスーツが似合っていると思ったら、スーツがとても似合っていて素敵だと相手が望むようにたくさんの承認をしましょう。出し惜しみをすることはありません。

(2) ストロークが欲しくてもストロークを求めるな

　何事も我慢が大切、甘えてはいけないと考えます。欲しいストロークは欲しいと言ってよいのです。仲間に入りたいと思ったら、遠慮なく仲間に入りたいと声をかけてみましょう。仮に断られても、それですべてが終わるわけではありません。「じゃあ、また次の機会に」と言

えばよいだけです。

(3) 欲しいストロークが来ても受け入れるな

何でも控えめにすればよいというものではありません。一生懸命頑張ったレポートを褒められて、自分がうれしいと思ったら、謙遜せずに素直に喜んでよいのです。「まだまだです」とかほかの人と比較することなど全く必要ありません。褒められ上手になりましょう。

(4) 欲しくないストロークを拒否するな

こんなふうに言われるのは不快だと思ったら、断っても決して相手に失礼ではありません。参加したくない会合に無理に付き合うことはないのです。相手の言い方が不愉快ならば、自分の気持ちを率直に伝えてよいのです。できれば、丁寧な断り方をマスターしましょう。また、本当は断れるけれど、あえて断らないという選択もあります。それはあなたの責任で決めることです。

(5) 自分にストロークを与えるな

人間は常に努力すべきである、慎ましく生きることこそ大切であるという考えが強すぎると、自分を甘やかすなんてとんでもないことだと自分に言い聞かせるようになります。自分で自分に快い肯定的なストロークを与えてもよいのです。一生懸命やったのならば、結果がどうであれ、大いに自分を認めましょう。

よい人間関係のために、ストローク経済の法則を打ち破ることが重要です。あなたは、自分を認め自信をもって生きているでしょうか？「自己承認」とは、自分をありのままに受け入れている状態です。あなたは、相手を信頼できますか？　ほかの人と自由にかかわり合うことができますか？　相手の話をよく聞いていますか？　あなたは生活のなかで、どのような態度をとっていることが多いのでしょうか？

よりよくあるために一生懸命仕事をしているあなたは十分承認に値するはずです。こうして**自分を認め**（I'm OK！）、**相手を認める**（You're OK！）ことができれば、相互の信頼関係は深まることでしょう。

　体の栄養は食べ物ですが、心の栄養はストロークだといっても過言ではありません。「承認」はストロークとして私たちに生きる喜びを与えるとてもパワフルなスキルです。無意識のうちに「承認」ができるようになったとき、きっとあなたは大変身を遂げていることでしょう。

　外国の医療機関での体験にこんな話があります。

　病室に入ると、医師がやってきて「やぁ、○○さん、あなたを担当する医師の○○です。よろしく」とにこやかに握手を求めてきたそうです。そして手術の翌日、痛みを和らげる専門医が「痛みを5段階に分けて、とても痛い状態を5とすると、今どれくらいですか？」と聞

き、脊髄から注入する薬の量を調節し、痛みを和らげてくれたとのことでした（痛みの状態の質問は、コーチングの**数値化**の手法です）。何より心強かったのは、主治医と3人の担当医が代わる代わる日に二度、三度と様子を見に来て、そのたびに「元気そうだ」とか、手術跡を診たり触ったりして「完璧だ」「順調だ」と気軽に声かけしてくれることだったそうです。医師たちの前向きな言葉の多さがスムーズな回復に影響していると思うとのことでした。まさに肯定的なストロークである承認の効果です。

　また、先輩看護師と後輩看護師の例でみてみましょう。

> **会話例　ストローク**
>
> **先輩看護師**「〇〇さん、最近、急変対応でも落ち着いて処置ができていてとてもいいと思っているのよ」（相手のよいところは率直に伝えましょう）
>
> **後輩看護師**「ありがとうございます。先輩にいろいろ教えていただいたことがやっとわかってきたところなんです。おかげさまで現場の経験も積んできましたし、私も一生懸命勉強していますので、認めていただいてとてもうれしいです」（よいところを認められたら、素直に受け取りましょう）
>
> **先輩看護師**「よかったわ。その調子で頑張りましょう。わからないことがあったら聞いてくださいね」
>
> **後輩看護師**「はい、ありがとうございます。これからもよろしくお願いします」

　ここで大切なことは、先輩看護師が感じた素直な気持ち（肯定的な

ストローク)を後輩看護師に与えると、後輩も自然に先輩への敬意を感じて肯定的なストロークを返していることです。それは快いふれあいを生むことになりますし、そうしたよい雰囲気は職場にもよい影響を与えます。**プラスはプラスを呼んでいく**のです。

3 アサーティブに伝える

　さて、承認を伝えるときに有効な方法があります。Ｉメッセージ(51ページ参照)と呼ばれるアサーティブな自己表現法の一つです。アサーティブな伝え方とは、自分の気持ちを相手に素直に伝えると同時に相手の話も十分に聴き、相手を理解しようとする伝え方です。コーチングの承認は、基本的には褒める・認めるが中心ですが、自分の気持ちを言葉にするＩメッセージを使うと、心に深く届きやすいという利点があります。第1章でも紹介していますが、ここでもう一度復習してみましょう。

　日本は「察する文化」という意識が根強く残っています。空気を読み、先回りして準備をすると気配りがある人として褒められます。また何か問題が起こると、「まぁまぁ……」となかに割って入り、何とか丸く収めようとする人がいます。どちらかというと日本の教育は、自分の思いをはっきり伝えることにはあまり積極的ではありません。「まぁまぁ」というどっちつかずのかかわり方は、よりよい人間関係をつくるための努力を放棄した無責任なかかわり方ともいえそうです。

　Ｉメッセージは、私の視点で発言する話し方なので、発言者の責任が明確です。思いを率直に伝えることは自分に素直なことです。もちろん人の権利を侵害してまでも主張し続けるのは論外です。Ｉメッセージで表現すると、叱る・忠告するといった場面でも、相手を責め

る・傷つける・侮辱する言い方にはなりにくいのです。**自分の気持ちも相手の気持ちも大切にする伝え方**です。

　一方、よく使われるYOUメッセージという言い方は、あなた（You）を主語にした伝え方で、事柄を率直に伝えるのでストレートに相手に伝わります。「承認」に慣れるまで、YOUメッセージで練習するのも一つの方法です。ただし、評価と受け取られる場合もありますので注意しましょう。次の例は、YOUメッセージをIメッセージに変えた文例です。

文例　YOUメッセージ⇒Iメッセージ

- 「ウソを言ってるでしょ」（**YOUメッセージ**）

⇒「本当はほかに言いたいことがあると（私は）思うけれど違う？」（Iメッセージ）

- 「あなたの言うことは違ってるよ」（**YOUメッセージ**）

⇒「（私は）あなたと違う考えがあるんだけど、話していいですか？」（Iメッセージ）

- 「いつまで準備にかかっているの？」（**YOUメッセージ**）

⇒「もう少し早く準備ができると、患者さんを待たせずにすむので（私は）うれしいんだけど」（Iメッセージ）

- 「とてもよい報告でしたね」（**YOUメッセージ**）

⇒「よい報告を聞けて（私は）とてもうれしいです」（Iメッセージ）

- 「笑顔が素敵だね」（**YOUメッセージ**）

⇒「（私は）あなたの笑顔を見るとなんだか元気が出るの」（Iメッセージ）

- 「質問の意味がわかりません」（**YOUメッセージ**）

> ⇒「私には質問の意味がわかりにくいのですが、もう少し詳しく話してもらえますか？」（Ｉメッセージ）

　アサーティブな伝え方というのは、「本音で言わなければいけない」というより、「本音で言ってもよいのだ」という考え方を理解することです。「言いたいけれど言えない」のではなく、必要に応じて「言えるけれど、あえて言わない」という選択をしていることを自分がわかっていること、アサーティブに伝えたからといって必ずしも相手が受け入れてくれるかは別だということ、こうしたことを理解したうえでなら、アサーティブの考え方を人と快くふれあうときのポイントとして有効に活用できるのです。

①上司と部下の場合

　さて、こんなとき、あなたならどうしますか？
　今日は子どもの誕生日。家族でお祝いの予定です。ケーキを買って帰る約束をしていたところに、終業間際に上司から急な残業依頼が入りました。
①「予定がありますから」ときっぱりと断ります。
②上司の依頼は断れないので、「仕事だから仕方がない」と家族に断りの電話を入れ、しぶしぶ引き受けます。
③「どれくらい時間がかかりますか」と確認し、上司に事情を話します。家族には遅れることを伝え、仕事を片づけます。
　さて、アサーティブは、自分と相手の立場を認めたうえで取り交わされる「素直な自己表現」であるともいえます。アサーティブを誤解している方は、アサーティブは、①のように自分の考えていることをはっきり表現することと思っているようです。①は攻撃的な態度で

す。②のような伝え方は、自分の気持ちを偽っている非主張的な態度といえるでしょう。③のように上司の立場や家族の状況を考え、自分の気持ちをきちんと伝えることがアサーティブな姿勢なのです。

②看護師と患者さんの場合

　今では、患者さんからのいわゆる心付けは廃止されていますが、年配の方のなかにはいまだに金品などの付け届けが大切と信じている場合も少なくないようです。無理やり贈り物を手渡されたことはありませんか？　明らかに感謝の気持ちを表していると感じられるときがあるかもしれませんが、ぜひアサーティブに断りましょう。

　「規則ですから、一切受け取れませんので、お引き取りください」という言い方は攻撃的な印象を受け、渡す人の気持ちにそむくかもしれません。一方、「申し訳ありません。受け取るわけにはまいりませんので……叱られてしまいます」といったあいまいな言い方は「そうおっしゃらずに」と断り切れない状況をつくりかねません。どっちつかずの非主張的な態度といえます。アサーティブに伝えるには、贈り物を準備してくださった気持ちに感謝し、相手の立場を尊重します。「お

心にかけていただきありがとうございます。お気持ちだけ受け取らせていただきます。元気になられて本当によかったですね。どうぞお大事になさってください」と丁寧にきちんとお断りをするとよいのです。

　アサーティブな伝え方は、自己主張をしながらも、相手の立場を考え、意見をよく聴いて、ともに納得できる解決を目指すとても効果的な方法です。

4　非言語コミュニケーションに焦点をあてる

　私たちは、言葉や文字、ジェスチャー等を使って考えや思いを周りの人に伝えます。

　コミュニケーションは伝える人、受け取る人があって初めて成立します。双方向の交流があることが大原則です。非言語に意識を向けてもらうために、セミナーで私の印象を聞くことがあります。そうすると「優しそうな感じがします」「しっかりしていると思います」等の答えが返ってきます。それに対して私は、「（私の）どこから優しそうだと感じるのですか？」「（私の）どこがしっかりしていると思うのですか？」と聞いてみます。そのように聞かれることが少ないからか、一瞬の戸惑いの表情とともに「笑顔がよく出ていて、声のトーンが穏やかだからです」「服装がカチッとしていて、話し方がテキパキしているからです」というような返事が返ってきます。このように言葉を交わす前に、相手は私からさまざまな情報をキャッチしています。言葉以外のコミュニケーション（非言語コミュニケーション）が行き交っているのですね。第1章の**第一印象**（16ページ）にもあるように、相手に与える印象の多くは、実は言葉（言語）よりも言葉以外の情報（非言語）が大きな要素を占めています。ということは、話の内容もさる

ことながら、どのように表現するかのほうがはるかに影響力があるということかもしれません。

　心理療法の一つである「ゲシュタルトセラピー」のワークショップでの体験です。セラピストに話を聞いてもらっているときに「今、盛んに手を動かしていますね。では、あなたがその手になってみましょう。手をもっと動かしてみてください。そう、しっかり動かしてください。あなた自身がその手になったつもりで、手はなんと言っていますか？」私は動いている手を見つめながら、「手は落ち着かないと言っています」と答えました。思いは、身体の隅々にまで届いているのですね。そして身体は何らかのサインを常に出して、本人や周りの人に教えているのです。身体に表現される私たちの思いは、非言語情報そのものです。となると、非言語コミュニケーションで訴えられている何かをしっかり観察し理解すれば、相手が伝えたいというメッセージをキャッチすることも可能なのではないでしょうか。実際、戸惑いの連続だった初めての子育てのとき、お隣のおばあさんが赤ちゃんの顔を見たり、声を聞き分けて、「あら、お腹が空いているみたいよ」とか「もう、眠そうね」と言い当てるのに驚きました。

　例えば、受付で、「○○さん、最近具合はいかがですか？」と尋ねたとしましょう。「はい、ありがとう。まぁ、元気です」とうつむき加減に小さな声で答えたとしたら、どうでしょう？「なんだか元気がないなぁ」と感じると思います。それは私たちは無意識のうちに、言語と非言語の情報が一致しているか、不一致かを判断しているからです。

　非言語情報は対面のコミュニケーションだからこそ得られるものです。言語情報だけのやりとりの危険性は非言語情報をキャッチできないところにあります。実際、職場でのやりとりをメールに頼りすぎると、心の交流がなくなり、ミス・コミュニケーションが起きてきます。

基本的にメールは一方通行です。1通目を送ったあとに間違いに気づき、2通目のメールで訂正連絡をしたところ、「了解しました」と返事が来ました。送信者は2通目のメールに対して了解したと受け取ったのですが、返事を出した人は1通目のメールを読んだだけだったのです。電話で訂正を入れれば何の問題も起きなかったのでしょうが、直接話すのが面倒でメールを送ったがゆえのトラブルでした。言いにくいことや話すのが面倒という理由でメールに頼りすぎると、肝心なときに思いを伝えられないことが起きないとも限りません。人はふれあうほどに相手の人間的側面を知り、その人を好きになるそうです。日常的に声をかけることを心がけましょう。

　図3-1の「ふれあいの構造図」(138ページ) を振り返ってください。対面している2人の間の中央の枠のなかに書かれた細かい内容は、私たちが相手に発信する非言語コミュニケーションそのものです。身体・体のところには、体調＋体格＋顔色・体温・呼吸など生体信号と記載されています。医療従事者であるみなさんがもつ鋭い観察力をスタッフ間のコミュニケーションにもぜひ役立ててください。

5 NLP（Neuro Linguistic Programming）；
神経言語プログラミング理論を活用する

　NLPは、1970年代にアメリカで、リチャード・バンドラー（Richard Bandler）とジョン・グリンダー（John Grinder）が心理学と言語学をもとに体系化したものです。人の心はどのように物（モノ）を見て、どのように動くのかを追求した最新の心理学といわれる学問です。NLPのスキルを身につけると、何より自分の目指す方向が明確になります。そして相手とスムーズなコミュニケーションがとりやすくなります。ここではNLPの簡単なスキルをご紹介しましょう。

相手の代表システムVAKに合わせる

　私たちは五感（視覚、聴覚、味覚、触覚、嗅覚）を通して情報を得て、脳に送ります。そして言葉を使って、それらの情報に意味づけをしています。そしてその意味づけに反応しながら毎日を過ごしています。代表システムとは、視覚（Visual）、聴覚（Auditory）、触覚・味覚・嗅覚をまとめた体感覚（Kinesthetic）のことです。人によって、よく使う感覚が違うので、自分や相手はどの代表システムが優位かを知っておくと便利なのです。相手に合わせた代表システムを使うと、受け入れてもらいやすいからです。

　それぞれの代表システムには言葉遣いやジェスチャー等に特徴があります。相手の代表システムを知っていれば、その特徴に合わせたコミュニケーションをとることができます。その結果、相手との信頼関係が深まることは言うまでもありません。

　では、あなたの代表システムを探しましょう。あなたの職場の室内

の様子をそのまま言葉にしてみます。そして頭に浮かんだ様子をなるべく具体的に文章にしてください。では、同じ方法で私のオフィスの場合を3人の表現方法でご紹介しましょう。

Aさん：

とても明るくてきれいなオフィスです。窓の向こうには、緑が見えます。仕事の大きなテーブルには、たくさんの本が積み重なっています。ノートパソコンの色は真っ赤で、机の上には、コーヒーの入った飲みかけのカップとキャンディが転がっています。

→Aさんは、視覚が優位な人です。話の内容は「見る」に関する言葉がキーワードです。イメージがわきやすく、出来事をまず絵としてとらえる傾向が顕著です。

Aさん→視覚タイプ

Bさん：

オフィスでは、音楽が聞こえています。パソコンを打ち込む音がカタカタと響いています。窓の外には時折車が通る音がします。テーブルの上には、NLPと書いた本が5、6冊置いてあります。机の上の卓上カレンダーには予定が書き込まれています。思わず次のアポイントを考えました。そのとき、携帯電話が鳴り、突然メロディーが流れました。

→Bさんは、聴覚が優位な人です。言葉を大切にする人で、周りの意見を聞いたり、音や文字に敏感です。論理的にとらえる傾向があります。

Cさん：

優しい雰囲気の壁紙が温かい感じです。大きなテーブルは、ゆったりして、大勢の人が囲むことができます。コーヒーの香りが漂って、落ち着いた場所です。BGMが心地よい雰囲気を醸し出しています。ゆとりが感じられる環境は、みなさんに納得してもらえるよい仕事ができると思います。

→Cさんは、体感覚が優位な人です。味や香り、雰囲気など感覚を大切にしています。腑に落ちる、しっくりするといったような身体で受け止めるような言葉遣いが多いことが特徴です。

いかがでしょう。三人三様の表現をしているのがわかりますか？同じ室内を描写するのに、人によりこれほど違うとは驚きますね。あなたの表現方法はABCのうち、どれに近いでしょう？　一つだけでなく、二つが重なる場合もありますし、どのタイプが良い悪いではありません。例えば、視覚優位な相手には、パワーポイントでのプレゼンテーションは有効に働くでしょう。聴覚優位な相手には、具体的な説明を読み上げるとわかりやすいと思います。体感覚優位な相手には、現場で直接動きながら伝えると納得感を得られるはずです。

三つの代表システムに合わせてそれぞれにフィットした言葉を上手に使いこなせるようになれば、三つのタイプの誰とでも効果的なコミュニケーションがとりやすくなり、あなた自身の表現方法も広がり、コミュニケーション能力も向上するでしょう。

相手の代表システムを知るには次の三つの方法が有効です。

> 1．タイプによって特徴的な使い方をする言葉を聞き分けます。
> 2．手の動きに注目します。
> 3．瞬間に移動する目の動きを確認します。

表3-3で三つの違いを見比べてください。観察能力を高め、相手の代表システムに合わせることが上達のコツです。

表3-3　代表システムを知る三つの方法

方法＼システム	視覚優位（見る、絵をイメージ、色等）	聴覚優位（聞く、文字、音等）	体感覚優位（体、感じる、気分等）
1．言葉	話が見えた 見通しが明るい	話が読めた 打てば響く	話が腑に落ちた 手応えを感じる
2．手の動き	手でモノがあるような動作をする	片手を耳の辺りにあてる	胸に手をあてたり、軽くたたく
3．目の動き	目線は比較的上	左右に動く	目線は下にいく

ペーシングで気持ちを通わせる

　私たちは、相手と同じという感覚に大きな安心感をもちます。ペーシングとは、呼吸や動作、声の調子、話し方などを相手に合わせることをいいます。相手と対面しているとき、相手の言動を意識してみてください。そして鏡（ミラー）に映るように相手の言動を少しまねしてみます。どんなことが起きるでしょうか？

　例えば、患者さんが少し前かがみになって、頬に手を当てながら「奥歯がズキズキしてつらいんです」と訴えたとしましょう。あなたも患者さんと同じように少し前かがみになり、軽く頬に手を当てて、相手と同じ声の調子で「奥歯がズキズキしてつらいんですね」と**おうむ返し**で伝えます。

　鏡に映るように動作をまねることを**ミラーリング**と呼んでいます。**ペーシング**とミラーリングの組み合わせは「私とあなたは同じですよ」と相手にアピールして、心理的な親密感を強めます。注意したいのは、相手にまねをしていると気づかれないようにすることです。そのためには、動作をワンテンポ遅らせたり、相手の動作の一部だけをさりげなく少しだけ取り入れるなどの工夫があるとよいでしょう。

　さらに、相手とラポールが十分に築けてきたと感じられたら、相手の呼吸に合わせながら、ゆっくりと自分の呼吸のリズムへと導きます。不思議なことにさっきまであなたが相手に合わせていたのに、今度は相手があなたに合わせはじめ、あなたがその場をリードする立場になっていきます。こうした状態を**「ペース＆リード」**と呼びます。

　ペーシングはやはり観察力がものをいいます。観察をするには、相手をよく見て、しっかり話を聴かなければなりません。私たちは、相手への関心が強いとよく観察しようとします。関心がない相手には近

づこうともしません。よく観察するには、相手に近寄らなければなりません。好きな人のそばに近寄りたくなるのは自然な気持ちですから、観察は「愛」あればこそと思います。相手を知るには、**相手に関心をもつこと**が大事なことなのだとあらためて感じます。

6 伝わる話し方をマスターする

　思いは言葉にしなければ伝わりにくいことは確かなことです。また言葉にしても、ちゃんと相手に伝わっているかが肝要です。相手がわかるようにそして相手の心に届くように伝えたいものですね。ここでは1対1での話し方のポイントを解説します。

①自分が何を伝えたいのかをはっきり知っておく必要があります。一度に数多く伝えるよりも、一つにしぼることも大事です。聞き手が覚えやすいからです。

②職場で話すときは、相手が必要とすることを最初に話します。初めにしっかりと伝えたことは印象に残りやすいのです。

③事実と所感を別にして話します。報告はもちろんのこと、注意をする場合でもありのままをきちんと伝えたうえで、それについての自分の考えを話すと真剣に受け止めてもらえます。

④伝えたい相手と対面することです。ほんの短時間であっても目を見て話すことは大切です。「私はあなたに話しています」ときちんと目で訴え、相手からも「あなたの話を私は聞いています」という答えをもらう必要があります。

⑤相手が受け取りやすい声を意識してください。あなたならどんな声が受け入れやすいですか？　声質を無理やり変えることはありませんが、鼻にかかった甘え声を出されたら不快です。威圧的と感じら

れるような声を出せば、相手は萎縮してしまい、その時点であなたの話を聞いてはもらえないかもしれません。ボリュームはどうでしょうか？　距離も考えずに他人にも届くような大声で話す必要はありません。指示や命令を受けているとき、あるいは注意を受けるときならばなおさらのことです。落ち着いた柔らかい声の響きは聞く人を安心させ、相手を受け入れる姿勢をつくります。

⑥話すときのあなたの表情や態度をイメージできますか？　ペンをカチカチ鳴らすなど癖が出ていませんか？　しかめっ面だったり、腕や足を組んだり、貧乏ゆすりのように足でリズムを取っては、聞き手は内容よりもほかに意識を向けてしまいます。

話を聞いてもらうには、何より相手に敬意をもって接することです。そのうえで、リラックスしたゆとりある表情と態度があれば気持ちのよい対話ができることでしょう。

7　効果的な質問をする

さて、耳偏の「聴く」は、相手の心を理解しようと耳を傾ける聞き方です。門構えの「聞く」は単に物事を音としてとらえるときに使います。質問をするには、相手の話をよく聴かなければなりません。そしていくつかの質問を投げかけることで、相互理解が深まってきます。コーチングにおける質問は、興味や関心で聞くのではなく、相手の自発的行動を促すために行います。

第1章でお伝えしたように質問には二つの種類があります。答えが限定されるクローズ型質問と自由な答えの幅が広がるオープン型質問です。この二つを状況に応じて使いこなすと質問に幅が出てきます。

単に情報収集するクローズ型質問では、5W1Hの質問を使うとよいでしょう。

　What；何を、When；いつ、Where；どこで、Who；誰が（Whom；誰に）、Why；なぜ、How；どのようにの六つです。

　続いてオープン型質問の一つ、肯定型質問について考えましょう。これ以上は難しいと行きづまっているときに、次のような質問を投げかけられたら、もう少し考えてみようという気持ちになると思いませんか？

> **質問例　未来型質問と肯定型質問**
> - 「さらによくするためには何が必要だと思いますか？」
> - 「今後、どのような行動が有効でしょうか？」
> - 「どこを改善すればいいと思いますか？」
> - 「その仕事を２倍のスピードで完成させるために何をしますか？」
> - 「止めていることは何でしょうか？」　等

　あるときセミナーで「否定的な質問を肯定的な質問に変えてみましょう」と問いかけました。作業が始まると「これ、すごく難しい！」とつぶやいた人がいました。日頃の自分の言葉を肯定的な質問に変えることに違和感を覚えたようでした。考えるうちに、自分が否定的なものの見方や言葉を使いがちなことに気づかれたのです。その方はワークを繰り返すうちに、なんと肯定的に物事を考えるという成果を手に入れました。

　さて、オープン型質問のなかで、「Why；なぜ？」は過去に視点が向きやすく、相手を否定し、尋問するような状態をつくりかねないので

使い方には注意が必要です。せっかくのラポールが壊れてしまいます。未来に視点が向くような質問型「どうしたら」「どのように」でアプローチされると、私たちは、自然に質問自体を意識しはじめ、アイデアが浮かんできます。「なぜそんな失敗をしたの？」と問いつめられるより、「どのようにするとうまくいきそうですか？」と相談をもちかけられれば、相手への信頼が増し、意欲がわいてきます。未来に焦点を向け、否定語句を含まない質問で、行動力を引き出し、ポジティブなイメージを促していきます。

8 ファシリテーターとしてリーダーシップをとる

　ファシリテーターというと、会議でメンバーの意見を引き出し、会議を収束し、そして合意形成に導く役割を担う人、というイメージをもつ方が多いと思います。それと同時にもう一つ求められている役割があります。コーチングのゴールの一つには、**メンバーを自律した人間に導いていく**ことがあげられます。リーダーには、メンバーが能力を発揮し、チームとしてよりよい成果を目指すことができるように援助することが求められています。ファシリテーションとは、相手が目指す目標の達成をサポートしていくことといえるでしょう。医療従事者は、援助を求めている人（患者さん）の自立を促していく立場にあります。上司と部下の間で、自立を促す姿勢を発揮できれば、医療従事者と患者さんとの間にもその姿勢が同様に機能することでしょう。相手をよく観察し、個々の能力や資質を引き出し、中立的な立場で多用な能力をもつメンバーを協働させるための役割を担うのがファシリテーターなのです。

　リーダーシップにはいろいろなタイプがありますが、ファシリテー

ションは、現代のリーダーがもつべき必須条件の一つといえるでしょう。ファシリテーションを実行するための必須アイテムが、**聴く、質問する、伝える**といった対人関係スキルです。

　以上、相手とのかかわり方の工夫をいろいろご紹介してきましたが、1の「信頼関係を築く"聴き方"」と2の「承認を意識する」はすぐに使えて効果抜群です。ぜひ意識的に取り入れてみてください。

　そして、あなたが上司やリーダーの立場ならばぜひ理解してほしいことがあります。それはマネジメントは、部下や関係者がより効率よく、快く、働きやすくするための環境を整えるサービス業務であることを認識することです。「**マネジメントはサービスである**」は、私の恩師の言葉です。部下や関係者は日々多くの問題を抱えながら奮闘しています。彼らが業務をスムーズに遂行できるようにリーダーとして精一杯考える。こうした姿勢を部下は必ず見ています。あなたがコーチングを通して、職場によい風土を築きたいと思うならば、マネジメントがサービスであることを強く心に留めてください。

　特に、相手にとってあなたが初めての上長になるときには注意が必要です。なぜなら初めての上長は部下にとっての職業人としての**行動モデル**になるからです。「三つ子の魂百まで」という言葉がありますが、幼児期に親から得たさまざまな情報はほとんどすべてその人を形成する大きな要因となります。上長と部下の間にも同様の刷り込みが起きるのです。ですからあなたの部下に対するコーチング的な態度がこれから先の職場風土をつくる源になることは確かです。

　それでは、マネジメントコーチングを身につけた上司のもとで、部下はどのように育つのでしょう。頼ってはいけないと言いながら頼らせているのは、実は上司自身です。上司が変われば部下が変わります。「○○さんはどう思いますか？」質問されれば部下は考えます。いつ

もそうしたアプローチをされると、言われる前に考えるようになります。自発性が身についてくるのです。自分で考えた答えならば、自分から動こうとするものです。子どもの頃「テレビの前に宿題は？」と親に言われ、「今、やろうと思っていたのに」と不承不承立ち上がった覚えはありませんか？　心理的反発を感じるゆえですね。ゴールがはっきりしていると、テレビも見ずにあっという間に宿題を終えて飛び出したことでしょう。上司と話し合うなかでゴールが明確化してくると、部下は意欲がわいてきます。部下はたくさんの承認をくれる上司に信頼を寄せ、コミュニケーション量は確実に増えていきます。コーチングは自らの意思をもって動く人間を育て、職場内によい循環がはじまります。コーチングは人間が本来もっているよりよくありたい成長欲求を刺激する方法です。

　コーチングは、部下から上司に対しても応用は可能です。部下が使う場合は、上司の考えを引き出すところに効果があると思います。

　例えば、「今日の私のプレゼンテーションは、点数で言うと何点でしょうか？」と数値化をしてもらいます。次に上司の答えを受けて「ありがとうございます。もう少しよくするために○○をしようと思いますが、ほかにどんなことが考えられるかアドバイスをいただければうれしいのですが……」等工夫をしましょう。自分の考えを伝えたうえで、さらによくするにはどうしたらよいかとコーチングアプローチをする方法は効果的です。

　ここまでさまざまな方法をお伝えしましたが、私たちは、すべての人と100％快い関係をもつことは至難の業です。こんなふうに考えてみるのはいかがでしょう。職場で人間関係を円滑にするポイントとして、相手への好き・嫌いの感情から脱して、仕事をするうえでの互いの必要・不必要を考えるドライな関係づくりという考え方です。自分

の周りのすべての人と深く親しい付き合いをしなければならないと考えず、親しくなれるに越したことはないけれど、仕事のゴールを手に入れるために、基本のマナーを守り、仕事上での役割を認識して情報のやりとりをしっかりと行い、気持ちよく協力していければそれでよいと割り切って考えるのです。そのように接しているうちにいつの間にかお互いを認め合い、信頼関係が育まれてくることがあるのです。それはとてもすばらしいことだと思いませんか。

相手とのかかわり方を工夫するのまとめ

① 相手に対する先入観をもたずに、最後までしっかり話を聴こう。聴き役に徹することである。

② 意欲をわかせる承認は相手をよく観察するところから生まれる。交流分析理論の「ストローク」を十分に理解し、肯定的なストロークを活用すれば、必ずよいコミュニケーションが生まれる。

③ 相手の立場を考え、自分の思いを率直に伝えられる技術をもつことは意味のあることである。自分の言動に責任をもとう。

④ 非言語コミュニケーションの影響力の大きさを再確認しよう。仮想ではない現実の空間のなかで生活していればこそ意識しなければいけないものである。

⑤ NLPは効果的なコミュニケーションをとるときに有効な技術である。視覚、聴覚、体感覚の三つの代表システムを理解できると相手とラポールを築きやすくなる。

⑥ わかりやすい話の内容と思いが伝わる技術を使って、相手にあなたの考えと気持ちを届けよう。

⑦クローズ型質問で究極の選択を迫ることができる。例えば「あなたは本当に仕事を成功させたいのですね？」と核心を突く場合などである。オープン型質問は意欲を高め、未来に視点を向ける効果がある。
⑧ファシリテーターとして会議の運営を任せられるときは、ぜひコーチングを活用しよう。聴く、質問する、伝えるといったコアスキルを身につけていることが必ず役に立つ。

第3章の総括

　本章では、上司・部下という関係のなかで必要とされるコミュニケーション能力やコーチングスキルについて解説しました。
　自分を知ることの大切さや、対等なふれあいを意識することがコーチングの成果を高めること、リーダーシップやフォロワーシップによって相互に補完し合うことが、強力なチームづくりにつながることを解説しました。そのうえで、自分を知るため、また対等なふれあいを意識するための方法論として、「交流分析理論」を紹介しました。交流分析理論を活用することで、上司・部下のスタイルに合った接し方や部下の適性を知り能力開発につなげていくことができます。そして、第1章で学んだ基本スキルを駆使しながらいかにして信頼関係（ラポール）を築いていくかを解説しました。
　上司・部下が良好な関係をつくるためには、それぞれが自分自身に責任をもち、温かい快いふれあいを意識することがとても重要です。自分を大切に思うように、相手も大切に思うホスピタリティの気持ちが快いふれあいを育んでいくことを意識してください。

第4章

快いふれあいを促すスキル
～ホスピタリティコーチング～

ホスピタリティ
コーチング入門

1 ホスピタリティあふれる対人サービスとは

　ホスピタリティは「おもてなしの心」「歓待」の意味とされています。ラテン語の「ホスペス」という言葉が語源です。宿泊所の意味からホテルや病院の意味合いに変化していき、宿泊所に立ち寄った人々を手厚くもてなし保護する立場から病院、ホスピス、看護人といった意味合いをもつことで、医療看護にも関連していったようです。語源である「ホスペス」は主人（ホスト）と客人（ゲスト）の意味で互いに対等な立場でのふれあいが基本にあります。ですから、ゲストに一方的に合わせるようなサービスはそこにはありません。患者さんは、医療従事者とともに病を克服する同志ともいえる間柄かもしれません。ここでは、そうした関係のなかで行われるホスピタリティのある対人サービスについて考えましょう。

　対人サービスとは、サービスの提供が主として対面で行われる状態を指しています。ホスピタリティの視点から、患者さんを「客人としてもてなす」という考え方は医療の場には基本的には必要ありません。患者さんの立場では医療従事者に対して、「治していただく」「お世話になる」という気持ちが強くあります。10年以上前には「治してあげる」「一方的にお世話をする」という一方通行の医療がまかり通ってい

たように思いますが、今ではそうした考えも払拭されつつあるようです。コミュニケーションはラテン語で「共有する」という意味があります。医療従事者と患者さんは、相互に信頼し、認め合うことが基本ですし、相手への敬意をともに心がけるべきです。医療現場におけるホスピタリティ＝**「おもてなしの心」**は、患者さんを「敬う心、思いやる心」が背景になければなりません。患者さんが元気になって再び社会で活躍できるようになるために必要な支援を思いやりの心とともに提供する、それが医療におけるホスピタリティあふれる対人サービスであると考えます。

医療現場における対人サービスを**医療接遇**と呼んでいます。接遇とは、官公庁などで住民と応接する「応接処遇」からきています。患者さんやご家族の方々とのコミュニケーションを大切にし、安心と信頼を感じていただける質の高いサービスを心がけましょう。

❷ 医療現場でのサービスに要求される難しさ

対人関係上求められることと業務上求められること

サービスの提供は人によって行われることが多いので、その人材の質が、直ちにその場での対人サービスの質に影響します。それは医療機関の評判とも連動します。多忙を極める現場で、高品質のサービスを提供するためには、患者さんはもとより、医療スタッフにも快適な職場環境が必要なはずです。そうした環境があればこそ、プロとしてのアドバイスなど患者さんに必要なきめ細かい情報サービスなどを余裕をもって提供できるのだと思います。当然のことながら医療スタッ

対人関係上 — 温かく・優しく・丁寧に

業務上 — 迅速に・的確に・安全に

フとしての熟練した技術が求められますから研鑽が必要であることは言うまでもありません。これらを土台に、さらに場の状況にふさわしいホスピタリティを感じさせる温かな対応が望まれると思います。

　ここに医療現場のサービスに要求される難しさが潜んでいます。患者さんやご家族の方に対して求められること、すなわち対人関係上求められることは、「温かく・優しく・丁寧に」という要素です。そして業務上求められることは、「迅速に・的確に・安全に」の要素です。この二つの要素がもつ色のイメージは、前者は暖色の黄色や橙色系、後者は寒色の青色系が浮かびませんか。この二つの色は色相環ではまさに相対する位置にあります。この相対する二つの要素が医療従事者には同時に要求されるのです。一刻を争うときには、当然のことながら業務上の要素が優先されます。場の状況に応じて優先度が変わります。

　しかしながら、厳しい状況にあっても、適時的確な対人サービスを提供できるのがプロといえるのではないでしょうか。

こころ形に現れ、形こころを動かす

　もちろん、対人関係上の要素が重要であることはわかっていても、

ままならない場合があるはずです。「温かく・優しく・丁寧に」というホスピタリティを発揮できるときはあなたがどのような状態のときですか？　私たちは、心配事があったり、とても忙しくて疲れてくると、心の働きが鈍くなって、相手を思いやる余裕がなくなります。以前、ある病院の接遇委員会に出席したとき、「プロならばどんなに疲れていても、笑顔を忘れるなんてあり得ない」という発言を耳にしました。そのとおりかもしれませんが、疲労困憊の状態では、この矛盾したサービスをすべてのスタッフに強要することは少し無理があるように感じます。ここで、第3章2の交流分析理論（146ページ）を思い出してください。心の働きには、五つの自我状態がありました。そのなかのNP（思いやる私）は、体力が低下したりすると相手を思いやる余裕がなくなり、一番先にエネルギーダウンしていきます。

　対人サービスは、相手に受け止めてもらえるように伝えることが大切です。そのためには、その場にふさわしい言葉や表現が求められます。私たちの体は、疲れてくると、歩き方がだらしなくなったり、言葉がぶっきらぼうになったり、不機嫌そうな表情が見え隠れします。心と体の動き（形）が連動して、心の変化が形として現れるのです。それでは、逆に体の動き（形）を整えると、心の働きはどうなるでしょう？　実際、私は、少し元気がないとき、いつもより丁寧に化粧をし、衣服を整えると気持ちがキリッと引き締まるのを感じます。「**形がこころを動かす**」という感じです。疲れていても、その場の状況にふさわしい適時的確なサービス（形）が体現できれば、患者さんやご家族に「優しさ」や「温かさ」を感じてもらうことは可能なのではないでしょうか？　それには、自我状態A（考える私）をしっかりと働かせる必要があります。

　さて、ここからが大切なポイントです。誤解を恐れずに言うならば、相手を思いやるエネルギーが低下していても、身体的なエネルギーが

消耗していても、適時的確なサービスを提供できれば、相手にホスピタリティを与えることが十分に可能です。ですから、最高の「温かく・優しく・丁寧に」ではないけれど、相手にホスピタリティがある姿勢として感じてもらえれば、とりあえずよいのです。そのためには、十分な対人サービストレーニングを積んで、いつでも・どこでも・誰でも適切なサービスを自然に提供できるようにすることが必要です。トレーニングは経験に基づいて価値づけられたCP（価値づける私）の自我状態の働きです。もちろん余裕があるときには、相手を思いやるNPを働かせて、ホスピタリティを十分に発揮するほうがよいことは言うまでもありません。仕事をバリバリこなしかつ患者さんから感じがよいと評判の人は、この対応が自然に身についているのです。心のエネルギーが落ちているときでも発揮できる対人サービス力を身につけておくことは、頑張りすぎて燃え尽き症候群に陥らないためにも必要な考え方であろうと思います。

　ホスピタリティを感じさせる対人サービストレーニングは訓練で身につきます。無意識のうちに自然にその動作や言葉（形）が体現できるようになることがポイントです。徹底的に行う必要性がここにあります。「**こころ形に現れ、形こころを動かす**」。医療現場でのサービスに存在する矛盾点をクリアするための大切な方法です。

3 快いふれあいのためにあなたがこれだけは守りたいと思うことは

　提供するサービスの質は、提供する人のサービス体験に大きく左右されます。

　ここで質問です。あなたが、ホスピタリティ・サービスを提供する

ことで得られることは何ですか？　これは大事な質問です。あなたの職業観が現れますし、今までのふれあいが根底に出てきます。想像力を働かせて、考えてみてください。あなたなりの答えが得られたら、ホスピタリティコーチングの第一関門はクリアです。

(得られること：   )

では次に、喜んでいただけることを考えます。患者さんの立場で最低限してほしいことはどのようなことでしょう？　この事柄について職場で話し合いが進むと患者さんに対して守るべきルールをつくることができます。そのルールを具現化するために、具体的にどのような行動や態度をとると、ホスピタリティを感じられるでしょうか。具体的に表現し、誰でもがはっきりとわかることが大切なポイントです。例えば、

● なるべく音をたてないように注意をする
→これだけではあいまいになりがちです。器具の取り扱いは、器具同士が触れ合って音が出ないように丁寧に扱う。足音は響くので、足のおろし方に注意する。ドアやカーテンの開閉は、声かけとともに様子をうかがうようにゆっくり開ける。診察室では本人だけに聞こえる声の大きさに留意する等を考えるとよいのです。

(具体的に：   )

すべてを網羅することはできませんが、考えるところに意味があります。最低限してほしいサービスは、患者さんの立場ならば当然の

サービスです。ホスピタリティ・サービスを謳うからには、誠実な姿勢を貫いていただきたいものです。次にあげるのは、患者さんの立場から、これだけはお願いしたいサービスの一例です。

- 誰にでも平等に接する
　……寝ているととても敏感になります。
- 忙しくてもアイコンタクトと微笑を忘れない
　……とても安心します。
- 挨拶にプラスの言葉かけを意識する
　……認めてもらった気がします。
- 清潔感のある身だしなみ
　……洗濯済みでも血がついていたら落ち着きません。
- 丁寧語で話をする
　……大切にされている気がします。
- 話を最後まで聴いてくれる
　……とにかくうれしいです。ホッとします。
- 約束や時間を守る
　……小さなことでも忘れずにいてくれると、信頼を感じます。
- 自分自身の体調管理に留意する
　……患者さんと接する人は元気でいてほしいのです。
- チラチラ見たり、目配せ、内緒話
　……とてもいやな感じで、不安になります。
- 見て見ぬふりをする
　……がっかりして、信用できません。
- とげとげしく感じる声でものを言う
　……怖い気持ちで落ち着きません。

笑顔、アイコンタクト	丁寧語 …ですね しました
目配せ、内緒話 …… …？	とげとげしい言動

　患者さんの立場では、医療従事者の一挙手一投足が気がかりです。ほとんど非言語コミュニケーションの要素です。患者さんの観察力はかなり鋭いと思います。あなたが快いふれあいのためにこれだけは守りたいと思うものは何ですか？

ホスピタリティコーチング入門のまとめ

①医療現場でのサービスの矛盾点を理解し、自分の心の状態に気づいて自分自身をコントロールできるようにしよう。
②一定レベルの対人サービスをいつでもどこでも誰でもが提供できるようにするために、医療接遇マナーをしっかり身につけることが大切である。

2 七つの基本姿勢をマスターしよう

　ここからは、対患者さんやご家族の方と信頼関係を結ぶための具体的な接遇の方法をお伝えしていきます。

　ホスピタリティあふれる対人サービスを行うために、まずは、基本を身につけましょう。ホスピタリティを表す感覚の言葉は**「温もり」**です。その「温もり」を七つの基本姿勢を通して表すことが医療接遇の要です。介助するときの手が温かいと患者さんはとても安心します。案内をするときには、相手の速度に合わせて歩くことで温もりが伝わります。繰り返しになりますが、どんなに思いにあふれていても、相手にわかる形で表現されなければ伝わりません。伝えるためにも医療接遇に必要な七つの基本姿勢（表4-1）をしっかりと身につけてください。また、表4-2に主なポイントをまとめました。

　スタッフが共通の方法を身につけていることで、その医療機関全体でホスピタリティあふれる**高品質レベルのサービス**を提供することが

表4-1　七つの基本姿勢

1	さわやかな挨拶と温かい声かけ
2	明るく心和む表情
3	丁寧で機敏な立ち居振る舞い
4	清潔感がある身だしなみ
5	穏やかな声の調子
6	優しく、わかりやすい言葉遣い
7	心を込めた聴き方

できます。トレーニングを通して温もりのある対人サービススキルを手に入れましょう。

表4-2　医療接遇　七つの基本姿勢とポイント

基本姿勢	主なポイント
1　さわやかな挨拶と温かい声かけ （第4章4-1挨拶をする） （第4章表4-4挨拶言葉） （第1章1-3挨拶＆自己紹介の言葉）	**あ**なたをしっかりと見ています **い**つも明るい笑顔と声を出します **さ**きに声をかけると親しみが生まれます **つ**づけましょう、ふれあいの一言を！
2　明るく心和む表情 （第1章1-3笑顔） （第4章4-1目線と笑顔）	●相手を優しく見つめます ●口は両端（口角）を少し上げます ●心に温かいイメージを思い浮かべます
3　丁寧で機敏な立ち居振る舞い 　　　　　　　　①立ち姿 （第4章4-1おじぎをする）②おじぎ 　　　　　　　　③歩き方 　　　　　　　　④座り方 　　　　　　　　⑤指し示し方 （第4章4-2スマート⑥ご案内 な案内のコツ） （第4章4-1名刺交換）⑦物の受け渡し	●かかとを合わせ、爪先は拳一つ分開ける。背筋を伸ばし、両肩を水平にする。あごを軽く引き、手は前で重ねる ●腰を支点に体を前に傾け、停止後、ゆっくり頭を上げる ●背筋を伸ばし、直線上を静かに機敏に歩く ●深く腰かけ、背筋を伸ばす。膝をつけ、足は垂直におろす ●指をそろえ、腕は胸の高さ辺りに上げて、指し示す ●行き先の復唱後、訪問者側に立ち、指し示しながら説明 ●両手で、胸の高さで、正面を向けて、笑顔と言葉を添える
4　清潔感がある身だしなみ （第4章表4-3身だしなみチェックリスト）	清潔感／機能性／控えめ／品位 チェックポイント：頭髪、化粧、歯、手指、ポケット、えり、そで、靴下・ストッキング、靴、におい、アクセサリー ●シミ、しわ、汚れはだらしがないイメージを助長する ●通勤時の私服は仕事に行くことを前提に選ぶ
5　穏やかな声の調子 （第3章3-6⑤受け取りやすい声）	●発声練習で声のコントロールをする ●滑舌を意識し、声のトーンを工夫する
6　優しく、わかりやすい言葉遣い 　①感じのよい話し方 （第4章4-3敬語を使いこなす） （第4章4-3クッション言葉を活用する） （第4章4-3肯定的な表現を心がける） （第4章4-3報告は結論から先に伝える） （第4章4-3わかりやすい表現をする）	●敬語（尊敬語／謙譲語／丁寧語）を使いこなす ●クッション言葉を使う ●依頼形を使う ●肯定的な言い回しをする ●あいまいな表現を使わない ●わかりやすい話し方を工夫する ●専門用語や略語・同音異義語に注意する ●流行の言葉遣いに注意する
7　心を込めた聴き方 （第1章1-3視線の高さ、2会話の1ステップ目は、まず「聴く」から）	●相手の動作や顔、声の表情や言葉から察する ●相手の価値観や人生観を大切に受け止める ●安心して話せるように、温かく穏やかな雰囲気をつくる

※基本姿勢（　）欄は、本書内の関連箇所を記載

表4-3　身だしなみチェックリスト

- ●頭髪
  - □ 清潔に手入れされているか
  - □ ふけやにおいはないか
  - □ 前髪や横髪が目や顔にかからないか
  - □ 仕事に適した髪型か
  - □ ヘアカラーは控えめな色か
  - □ 華美な髪留めは使っていないか
- ●顔
  - □ メイクは明るく健康的か
  - □ 鼻毛やひげは伸びていないか
  - □ 歯の汚れや口臭はないか
- ●手
  - □ 爪は短く切り、手や指は汚れていないか
  - □ マニキュアが濃すぎたり、はげたりしていないか
  - □ 時計、指輪などは職場に合っているか
- ●服装
  - □ ユニフォームはアイロンがかかっているか
  - □ ボタン、ホックは取れかかっていないか
  - □ えりやそで口の汚れはないか
  - □ 名札は見える位置についているか
  - □ ポケットに物をつめすぎていないか
- ●足もと
  - □ ストッキングに伝線やたるみはないか
  - □ 靴下は派手ではないか
  - □ ユニフォームにふさわしい靴か
  - □ 靴の汚れはなく、磨かれているか
  - □ 靴のかかとを踏んでいないか
- ●その他
  - □ 香水、整髪料、タバコ、汗、食べ物のにおいなどに注意をしているか

※所属の規定に合わせましょう

七つの基本姿勢をマスターしようのまとめ

①七つの基本姿勢をトレーニングで確実に身につけよう。
②全体のバランスを高め、印象度を高めよう。

3 さまざまな場所での応対の基本

応対の基本は変わりませんが、場所により応対に特徴があります。

① 受付（カウンター）

　訪問者（患者さん）を迎えるのは、受付スタッフだけではありません。相手に感じのよい印象をもっていただけるように、誰もが丁寧な応対を心がける必要があります。患者さんを迎える受付カウンターでは、初診の方への案内表示があっても、笑顔で一言を添える気遣いが患者さんを安心させます。

　入院時の受付では、ご家族も患者さんも不安な気持ちで一杯です。温かい微笑みとともに自己紹介をし、忙しくても落ち着いた様子で手続きの案内をします。

応対のポイント

- 挨拶とともに「今日はいかがなさいましたか」など、応対する側から積極的に声をかけましょう。
- 説明は、相手の理解を確認しながらわかりやすく伝えます。
- 電話応対は周囲から見られています。受話器を置くまでよい印象を意識しましょう。
- 高齢者や身体の不自由な患者さんには、カウンターを出て応対する

とよいでしょう。
- 名前の呼び出しを希望しない人には、受付番号での対応を配慮しましょう。
- 混雑時にはだいたいの待ち時間を伝えるなど一言添えましょう。

② 待合室・診察室

　名前がいつ呼ばれるのかわからない状態で待つのは落ち着かないものです。具合が悪いときにはなおさらです。「先に来ているのにあとから来た人が呼ばれている。どうしてかしら……」と、待っている間、放っておかれる感じがしないように患者さんを気遣うことが大切です。テキパキとそして優しい態度が信頼を生みます。

応対のポイント

- 指示をする場面が多くなります。命令口調や早口にならないように注意をして、優しい声の表情を工夫しましょう。
- 身だしなみをきちんと整えます。
- 多忙を極めているときにも、見られていることを忘れずに機敏に優雅に振る舞います。
- 名前を呼ぶときには、「○○様、お待たせいたしました。どうぞ診察室にお入りください」とフルネームではっきりそして温かい調子で声かけをします。患者さんが立ち上がったら、優しくアイコンタクトをとりましょう。
- これから何をするのか、その処置に痛みが伴うのかどうかなど、患者さんに簡単に説明しましょう。
- 患者さんと直接ふれあうときには、「失礼します」、処置の際には、

「少し冷たいです」「ちょっとチクッとします」など優しく声をかけましょう。
- 医師を前に緊張気味の患者さんを温かく見守りましょう。
- 診察終了時には、「○○さん、お疲れさまでした。本日の診察はこれで終わりです。お薬が出ておりますので、薬局でお受け取りになり、会計をすませてからお帰りください。どうぞお大事になさってください」とねぎらいの言葉とともに次に必要な事柄を伝えます。初診の方には、薬局の場所などを説明すると丁寧です。
- 検査が必要なときには、検査室の名前と場所がわかるようにその場で案内します。
- 次回の受診日時等、次はどのようにするのかを必ず伝えましょう。
- 個人名の呼びかけ方は、待合室など大勢の前では○○様、その方のみの場所では○○さんと声かけするなど使い分けをするのも方法の一つです。

3 ナースステーション

　入院設備のある病院では、ナースステーションは窓口です。患者さん、ご家族、お見舞い客等が声をかけやすい雰囲気であることがとても大切です。

応対のポイント
- 看護師同士の私語を慎みましょう。来訪者が声をかけるのに躊躇します。
- 患者さんに尋ねられたとき、適度な大きさの声を意識しましょう。内容が周りに筒抜けになることに敏感な人もいます。

- お見舞い客に病室を尋ねられたら「お見舞い、ありがとうございます」の一言が印象度をアップします。
- 疲れた表情や態度、乱れた髪やメイクは、場の雰囲気を暗くします。
- プロとして隙のない姿勢が揺るぎない信頼を築きます。勤務態度を意識しましょう。
- 何か聞きたそうな人には「何か御用でしょうか？」とスタッフから気づいてくれるとホッとします。相手の立場に立ち、気配を察しましょう。
- 観察を鋭くし、不審者の対応などセキュリティへの配慮も欠かせません。
- お見舞い客が帰られるときには、「お疲れさまでした。お気をつけてお帰りください」の一言があるとうれしいものです。

4 病室

　患者さんにとって大変頼りになる存在が病棟看護師です。病んでいる身では他者への配慮はままなりません。

応対のポイント
- 患者さんとご家族への自己紹介と挨拶をできるだけ早い時点で行います。
- 同室の患者さんに新しい方を紹介します。
- 同室の患者さんには平等に接しましょう。一人に声をかけたら、ほかの方へのさりげない声かけも忘れないようにします。
- 入退室時の挨拶「失礼いたします」「失礼いたしました」を実行しましょう。
- ベッドは生活空間です。患者さんの私物を動かすときには「こちらを脇に置いてよろしいでしょうか？」と許可をとりましょう。
- ナースコールには「すぐにうかがいます」とスピーディな対応をします。
- 話を聴くことが信頼関係を築きます。また、できるだけ目線の高さを合わせましょう。
- お見舞い客が病室にいるときに処置をする場合は、「お話し中、申し訳ありませんが、処置をいたしますので、5分ほど廊下でお待ちいただけますか？」と丁寧にお願いすると感じがよいでしょう。

5 薬局

　薬剤師は、来院された患者さんと最後にふれあいます。よい印象を

もっていただけることで、調剤薬局ならば再度の利用もあるでしょう。服薬指導時に信頼を得ることでプロのアドバイスとして受け入れてもらえます。

応対のポイント
- さわやかな笑顔と明るい声、清潔な白衣は好感度を高めます。
- フルネームで患者さんの名前をしっかり確認します。
- 薬の説明、服薬指導、副作用については、患者さんの理解度をできるだけ早く察知し、わかりやすく丁寧な説明を心がけましょう。
- どうしても指示や確認が多くなります。そんなときは、「お薬の飲み忘れのないようにするよい方法を考えられますか？」などオープン型質問を活用しましょう。
- 「おわかりになりにくい点はございませんか？」と温かい口調で問いかけるようにすると患者さんは安心します。

6 在宅医療

　病室とは違い、自宅への訪問では一般的なマナーをしっかり体現します。また、それぞれの家に合わせた応対を心がけます。時間厳守と守秘義務には十分な配慮をしましょう。

応対のポイント
①玄関のマナー
- コートは外のほこりを室内に持ち込まないようにするため、玄関の外で裏返しにたたみ、腕にかけます。傘は水滴を払い、巻いて持ちます。
- 髪の乱れ等身だしなみを整えます。

- インターホンは、一度鳴らして応答がない場合のみ、再度鳴らして待ちます。
「どうぞお入りください」の声かけがあれば「ありがとうございます。失礼します」と言って、ドアを開けます。
- ドアのノックはゆっくり2回。何度もノックすると強要している印象です。
- 玄関に入ったら、靴は、正面に向かって脱ぎ、上がってから爪先を外に向けます。靴を玄関の隅に置き直します。コートは、先方の申し出があれば遠慮なく預かっていただくとよいでしょう。
- スリッパは勧められたら「お借りいたします」とお礼を言って、使わせていただきます。

②**病室でのマナー**
- 家族の案内に従います。途中の部屋をのぞき込まないようにします。
- 和室の場合は、床の間（上座）を背にして、挨拶や作業をしないように注意します。
- 座布団を勧められたら、「ありがとうございます。お借りいたします」とお礼を伝え、使わせていただきます。

③**飲食について**
- 原則として丁寧にお断りをしますが、お茶については固辞をせず、挨拶とともに頂戴します。口紅などはさりげなく拭っておきます。

④**辞去をするとき**
- 患者さんに必ず温かい声をかけましょう。
- 家族の方に次回の訪問のことなどを伝えます。
- コートは、勧められたら玄関で着てもかまいませんが、真冬以外ならばドアの外でそでを通すほうがスマートです。
- 丁寧な挨拶をしてから玄関のドアを開け、静かにドアを閉めましょう。

さまざまな場所での応対の基本のまとめ

①受付、待合室・診察室、ナースステーション、病室、薬局、個人宅等場の状況による応対の違いとポイントを再確認しよう。

4 ふれあう瞬間にホスピタリティを感じさせるスキル

　第一印象では「初めの7秒間」が勝負とよく言われます。これはふれあった瞬間の印象が後々まで尾を引くからです。心理学者ソロモン・アッシュ（Solomon Asch）の「初頭効果」の実験結果によると、最初に得られた情報はすぐに脳にインプットされ、あとから得られた**初めの印象に合わない情報**は合うようにすり替えられてしまうほど、最初の印象は強力だそうです。初めにネガティブな印象を与えてしまうと、それを払拭するには大変な努力と時間を要するそうです。ということは、ふれあった瞬間にホスピタリティを感じさせることができれば、瞬時に安心感を与え信頼を築くと同時に、その後の関係性もポジティブなものにできます。

1 初めての出会い

挨拶をする

挨拶のポイント
①優しく相手と目を合わせます。
②微笑みを忘れずに。
③温かい声を出します。
④相手より先に挨拶の声をかけましょう。
⑤挨拶の言葉に一言を付け加えると心に残ります。
　　プラスαの言葉：挨拶言葉に以下の言葉を付け加えてみましょう。
- いいお天気になりましたね。（天候）
- ○○様（さん）、お待たせして申し訳ございません。（お詫び）
- ご用件をおうかがいしておりますでしょうか？（気遣い）
- お顔の色がよろしいですね。（相手への関心の一言）
- 先日はお世話になりました。ありがとうございます。（感謝）
- 午後からよいお天気になるようですよ。（情報提供）

　医療機関を訪れる方のほとんどが、不安と緊張を抱え落ち着かない思いで一杯です。あなたの挨拶が場の空気を和ませます。あるとき、挨拶をしたのに無視されて寂しいとつぶやくと、私の師は「挨拶するにはエネルギーがいる。挨拶は自分の都合で声をかける言わば掛け捨て保険のようなものだから、返事がなくても気にすることはないよ」と言いました。確かにエネルギーダウンしている調子の悪い人に挨拶の強要はできません。反応がなければ何かあるのかもしれないと気づ

くことこそ大事です。また、あなたが挨拶している姿は必ず誰かが見ています。保険の満期ではありませんが、続けることでいつの間にかあなたは「挨拶ができる素敵な人」になっているはずです。

> 【挨拶フル活用でスムーズコミュニケーション】
> ①狭い場所でのすれ違い
> ⇒いったん止まって、軽く挨拶（会釈）をします。
> ②エレベーターで患者さんや先生と一緒になる
> ⇒混んでいるときは目礼（目礼は、いったん動作を止めて、軽く視線を下げます）。空いているときは会釈をします。
> ③化粧室やエレベーターで見知らぬ人に会う
> ⇒「こんにちは」「いいお天気ですね」「何階ですか？」自然な声かけを心がけましょう。セキュリティにもかかわります。
> ④職場の外で人に会ったとき
> ⇒地域あっての職場です。掃除をしながらでも、通りがかりの人に明るい一声をかけましょう。
> ⑤混雑している場所では
> ⇒「失礼します」と一声かけてから次の行動に移ります。
> ⑥前方に知っている人がいるときには
> ⇒前方に少し回り込んで声をかけると安全です。真後ろからの急な声かけは相手を驚かせるので危険です。ちなみに真後ろは見えないため「恐怖の空間」と呼ばれています。

ふれあいをスムーズにする挨拶言葉を表4-4にまとめました。

表4-4 ふれあいをスムーズにする挨拶言葉

状況	挨拶言葉
1　朝夕の挨拶	●おはようございます ●こんにちは／こんばんは／おやすみなさい
2　すれ違うときや入退室時	●失礼します／失礼いたします ●お邪魔します／お邪魔いたしました
3　依頼するとき	●恐れ入りますが／お願いできますか
4　依頼されたとき	●かしこまりました／はい、わかりました ●承ります
5　相手を気遣うとき	●お変わりございませんか？ ●お困りのことはございませんか？ ●いかがですか？ ●いかがなさいましたか？ ●お世話になっております
6　相手をお待たせするとき	●少々お待ちいただけますか？ ●少々お待ちください（ませ）
7　お待たせしたとき	●（大変）お待たせいたしました ●お待たせして申し訳ございませんでした
8　謝るとき	●（大変）申し訳ございません ●お詫び申し上げます
9　出かけるとき・戻ったとき	●いってきます／いってらっしゃい ●ただいま戻りました／おかえりなさい
10　ねぎらうとき ＊ご苦労様は目上から目下への声かけと言われています。	●お疲れさまです／お疲れさまでした ●ご苦労さまです／ご苦労さまでした
11　お見送りのとき	●お大事になさってください ●お気をつけてお帰りくださいませ
12　声をかけられたとき	●「はい」明るく素早い返事

目線と笑顔

　自然な笑顔が効果を発揮する場面は、挨拶、廊下でのすれ違いやエレベーター内、患者さんへの声かけや声をかけられたとき、お願いするときなどです。穏やかな心が自然な笑顔をつくります。顔も声も気持ちとつながっているからです。

目線のポイント
①あごを軽く引き、視線をまっすぐにして、相手の眼をやわらかく見ます。
②相手の顔、両耳、肩辺りに四角形をイメージします。それが視線の範囲です。
③目配せ、上目づかい、横目、流し目などの目の使い方には癖が出ないように十分注意します。
④マスクをかけても、100％の笑顔を出していれば、自然に目に優しい表情が出ます。

表情のポイント
①相手を優しく見つめます。
②口は両端（口角）を少し上げます。
③心に温かいイメージを思い浮かべます。
→楽しいことや幸せと感じたこと、大好きなペットを思い浮かべてみましょう。
④目尻を少し下げる気持ちで相手を見ます。
　「忍ぶれど色に出にけり我が恋は　ものや思ふと人の問ふまで」（小倉百人一首・平兼盛）という歌があります。誰にも知られないように

秘めた想いをじっと隠していたけれど、『気がかりなことでもあるのですか？』と尋ねられるほどに私の想いは顔に出るようになってしまったという意味です。私たちの気持ちは、無意識のうちに顔や声、目、動作といった身体の部分に現れます。それは一瞬のふれあいのなかでも伝わるものです。患者さんはいろいろな角度からあなたの表情を観察し、サインを読み取ろうとしています。職業人として**表情コントロール**を意識することが必要です。

おじぎをする

多忙を極めるなかでのおじぎは、品よく機敏に行いましょう。場の状況や相手への想いの深さにより、おじぎの角度が深まります。基本の立ち姿がしっかりしているとプロとしての自信を感じさせ、信頼を得られます。通常は声とおじぎを同時に行う「同時礼」でよいのです

が、しっかりと心を込めるときには、声を先に出してから、おじぎをする「分離礼」で行うとよいでしょう。これは、状況に応じて臨機応変に使い分けます。

おじぎのポイント

①基本の立ち姿をとります（かかとを合わせ、爪先は拳一つ分くらい開きます。背筋を伸ばし、両肩を水平にして、手を前で重ねます。男性は手を両側に沿わせるようにします）。相手と正対する位置は「理性の空間」と呼ばれています。
②腰を支点に上半身を心もち素早く前に倒し、ひと呼吸止めます。
③ゆっくりと上体を起こし、相手を優しく見て微笑みます。

おじぎの種類

①会釈（前傾15度、相手のウエスト辺りを見る）……すれ違い時や入退室時等
②敬礼（前傾30度、相手の膝頭辺りを見る）……送迎時やけじめをつけるとき等
③最敬礼（前傾45度、相手の足首辺りを見る）……心からの感謝や謝罪のとき等
- 停止礼……すれ違い時に立ち止まって会釈をします。
- 歩行礼……すれ違い時に歩きながら相手の方向を意識して会釈をします。

自己紹介と他者紹介

患者さんは、何か尋ねたいと思っても担当者の名前がわからないと

声をかけづらくとても困ります。高齢であれば名札が読みにくい場合もあります。「今日の担当は私、○○です。いつでもお声がけください」としっかり名乗られると安心できます。

自己紹介と他者紹介の共通ポイント
①笑顔で、相手をしっかりと見ます。
②明るい声で、はっきりと相手に伝わる声を出します。
③名前の前に「○○の〜」と所属や役職名などを付け加えます。
　例：薬剤師の○○と申します。受付の○○と申します。
④自分の名前や紹介しようとする方の名前をフルネームで伝えます。

自己紹介のステップ
①基本の立ち姿で正しい姿勢をとります。
②優しい微笑みで相手と目を合わせます。
③分離礼で挨拶（敬礼）をします。
④「はじめまして。（所属や役職名）の○○と申します。どうぞよろしくお願いいたします」とはっきりと伝えます。珍しい名前のときなどは、どのような漢字を使うのか付け加えるとよいでしょう。

他者紹介のステップ
①姿勢、表情、声の調子を整えます。
②紹介する他者に視線を送ってから、紹介する相手の方と対面します。
③「ご紹介いたします。こちらは○○の○○様（さん）とおっしゃいます。よろしくお願いいたします」と言葉で伝えてからおじぎをする「分離礼」が丁寧です。

職場での紹介の仕方

> 基本ルール：目下の人を目上の人に先に紹介する。

①上司を紹介する場合：

　上司を先に相手に紹介します。「ご紹介いたします。こちらは私どもの看護部長の○○と申します」

　次に、「看護部長、こちらがいつもお世話になっております○○病院の事務長の○○様でいらっしゃいます」と伝えます。

→双方の紹介がすんだあとに、紹介を受けた者同士が相互に名刺交換を行います。

　「はじめまして。私、○○の○○と申します。○○様（紹介者）には、いつもお世話になっております。これをご縁にどうぞよろしくお願いいたします」

※訪問の場合は、同行者を先に訪問先（他者）の方へ紹介します。

②病院主催の患者向け勉強会にて、複数のスタッフを一度に紹介する場合：

司会のスタッフ「本日は当院の勉強会にご参加をいただきありがとうございます。本日お世話をさせていただく職員をご紹介いたします。左から病院長の医師の○○、事務長の○○、看護部長の○○、理学療法士の○○でございます。私は、本日司会を担当いたします看護師の○○と申します。どうぞよろしくお願いいたします」

③学会の懇親会にて、他病院のスタッフを紹介者（看護師）の病院側の上司に紹介する場合：

看護師「○○看護部長、こちらがいつも学会でお世話になっております○○病院の看護主任の○○様でいらっしゃいます」

看護部長「はじめまして。いつも大変お世話になりましてありがとうございます。○○病院の看護部長の○○と申します。どうぞよろしくお願いいたします」

看護主任「はじめまして。○○病院の看護主任の○○と申します。こちらこそ看護師の○○様には大変お世話になっております。今後ともよろしくお願いいたします」

名刺交換

　名刺の受け渡しの方法に不安を感じている人が多いようです。名刺を本人そのものと思って丁寧に扱う姿勢が大切です。小さな名刺もモノの受け渡しの基本に従います。意外に目につく名刺入れは飾りのないシンプルでセンスのよい品を選びましょう。

名刺を渡すときのポイント

> **基本ルール**：訪問した人、立場の下の人から先に渡す

①手渡す相手と正対し、相手の目を優しく見ます。
②名刺入れを左手に持ち、輪を相手側に向けます。名刺入れの上に相手に正面を向けた自分の名刺を乗せます。
③「私、○○の○○と申します。どうぞよろしくお願いいたします」と自己紹介をします。
④言葉とともに名刺を相手に差し出します。

名刺を受け取るときのポイント

①相手と正対し、優しく微笑みます。
②「頂戴いたします」と両手で名刺を受け取り、会釈をします。
③「○○の○○様でいらっしゃいますね」と相手の所属と名前を復唱します。
④読めない場合には、「失礼ですが、お名前はどのようにお読みすればよろしいでしょうか？」とうかがいます。あとからは聞きづらくなるので、この場で尋ねるほうがよいでしょう。
⑤いただいた名刺は、すぐにしまわず、テーブルの上に相手の着席順に沿って置きます。

名刺交換の注意点

①名刺の社名や名前、ロゴに指がかからないように注意します。
②同時に名刺を差し出した場合は、自分の名刺を渡しながら、相手の名刺を左手で受け取ります。相手が自分の名刺を受けたあと、いただいた名刺を両手で受けます。
③相手から先に差し出された場合には「お先に頂戴いたします」と一言添え、いったん名刺をいただいてから「申し遅れました。私○○の○○と申します」とあらためて名刺を差し出します。
④名刺交換は、スペースの関係でやむを得ない場合は「テーブル越しで失礼いたします」と言葉を添えます。この一言が相手に配慮を感じさせます。

2 スマートな案内のコツ

訪問者に対する応対の基本の流れは、受付→取次ぎ→案内→呈茶→

見送りの順です。

　笑顔で迅速にわかりやすく、安全で丁寧な応対を心がけましょう。

好ましい呼び方（呼称）

　人は自分の呼ばれ方には敏感です。呼びかけ一つで敬意をもって接してくれているかがわかるからです。呼称は相手との関係や尊敬の気持ちを表します。呼称を大切に扱いましょう。

　さて、「患者様」という呼称は、上下関係を示すためではなく、敬意を表す呼び方として定着してきています。「様」と呼ぶことで、全体の言葉遣いが丁寧になります。自然に相手を敬う姿勢が築かれるのはよいことです。しかし、どんなに丁寧な言葉でも声の出し方一つで印象が悪くもなります。人により受け止め方はさまざまですが、丁寧すぎることで逆に不快を感じる場合もあります。「さん付け」であっても穏やかな温かい印象の声を心がければ十分敬意は伝わることでしょう（本書では「患者さん」で統一しています）。

呼び方のポイント

①院内の関係では、立場が「上か下か」で呼び方を変えます。
②職場内の誰かを他者に伝える場合は、謙譲表現で話します。
③役職名は敬称です。○○部長さん、○○院長先生ではなく、○○部長、○○院長と呼びます。
④患者の呼称は、「患者様」あるいは「患者さん」のいずれかを院内で統一しましょう。
⑤人によっては「○○様」の呼びかけに心の距離があると感じる人もいます。本人にどのような呼びかけがよいかをうかがうとよいで

しょう。
⑥子どもに対して、親しみを込めて名前を呼び捨てにすることがありますが、好ましく受け入れる親ばかりではありません。「ちゃん」あるいは「さん」で呼びましょう。
⑦自分の親ではないのに、「おとうさん」「おかあさん」「おばあちゃん」「おじいちゃん」の馴れ馴れしい呼びかけには注意が必要です。不快に思う人がいます。
⑧職場での「あだ名」や「ちゃん」づけは、けじめをつける意味でも控えます。

基本の呼び方

①上司の呼び方：役職名のみ「事務長」「課長」、名字と役職名「○○事務長」「○○課長」
②先輩や同僚の呼び方：「○○さん」
③職場外の人にスタッフのことを呼ぶ：名字のみ「○○」、役職名のみ

「師長」、役職名＋名字「師長の〇〇」、名字＋職名「〇〇医師」
④職場外の人の呼び方（紹介や電話の呼び出し依頼等）：
　名字＋役職名「〇〇院長」、役職名＋名字＋様「院長の〇〇様」

場所を尋ねられたときの4ステップ

　その場で尋ねられた場所を口頭で案内します。笑顔を意識して、落ち着いた声のトーンで伝えます。その場での案内を対面案内といいます。

対面案内のポイント

①尋ねられた場所を復唱確認する：「〇〇でございますね」（＊状況に応じ省略可）
②道順の説明：訪問者と反対側の手の指先をそろえ、手のひらを心もち斜め上加減にします。肘を伸ばせば遠いところ、折り曲げれば近いところを表します。道順の説明は目印をしっかり伝え、わかりやすさを心がけます。
③再確認：「おわかりいただけますでしょうか？」（＊状況に応じ省略可）
④挨拶：「よろしくお願いいたします」「失礼いたします」等会釈をして別れます。

　この4ステップは応用がきき、使い勝手がよく重宝します。道順だけでなく、何かを説明するときに①〜④の順番で伝えてみましょう。

廊下、階段、エレベーターでの案内

尋ねられた場所が見えるところまで、あるいはその場所まで直接案内（先導案内）をします。相手の歩調に合わせ、最後まで笑顔で丁寧に対応します。

廊下案内のポイント
①案内人は壁際に立ち、訪問者の少し斜め1歩ほど前に位置します。
②「お待たせいたしました。○○へご案内いたします。どうぞこちらへ」と行き先を告げます。
③すべての指先をそろえ、手のひらを心もち上に向けて方向を指し示します。

階段案内のポイント
①「○階へご案内いたします」と声をかけ、案内人は外側、訪問者が内側（手すり）に立ちます。
②案内は先導が基本ですが、案内者が女性の場合は、訪問者の後ろに立ちます。また訪問者を見守るためにもそのほうがよいという考えがあります。絶対のルールではありませんので、状況に応じ、階段の先導を検討されるとよいでしょう。降りる場合は、訪問者の安全を優先させて、案内者が先に降ります。

エレベーターのポイント
①訪問者が1名の場合はエレベーターボタンを外から押し、開いたら「中央奥へお進みください」とさりげなく声かけをしながら、先にお入りいただきます。

②先客に対しては、小さな声で「失礼いたします」と会釈します。途中階で利用される方には「何階ですか？」と声をかけます。
③訪問者に背中を向けないようにエレベーターに乗り込み、運転盤の前に立ちます。真後ろを向かず、訪問者に対して少し斜め「情の空間」に位置します。
④訪問者が数名の場合「お先に失礼いたします」と軽く会釈をして、先にエレベーター内の運転盤の前に立ち、「どうぞお入りください」と声をかけ、お入りいただきます。そして「お待たせいたしました。○階へご案内いたします」と伝えます。
⑤目的階に着いたら、訪問者数にかかわらず、先に降りていただき、「右へ（左へ、まっすぐ）お進みください」とオープンボタンを押しながら声をかけます。全員が出てからすぐに訪問者の前に立ち、ご案内の態勢をとります。

ドアの内開きと外開きの出入りをスマートに

ドアの出入りのポイント
①空室となっていても念のために必ず2回ノックをします。
②ドアのハンドルは、ハンドル側の手（右側なら右手）で握ります。
③開け閉めはゆっくり丁寧にを意識します。ドアの向こう側への配慮です。
④入室したときには、軽く一礼をしてから訪問者を招き入れます。
⑤外開きの場合は、ハンドルを手前に引き、先に訪問者にお入りいただきます。
⑥内開きの場合は、案内者が「失礼します」とドアを押し開け、先に

室内に入ります。内側からドアを支えて、訪問者を招き入れます。
⑦訪問者に、「どうぞおかけください」と座席を指し示します。
⑧案内者は状況に応じ、前後してドアを静かに閉めます。
⑨病室へ患者さんを初めて案内する場合は、案内者がドアを開けて招き入れます。

立場の上下を表す席次

席次とは、着席順のことです。室内で一番居心地のよい場所に訪問者あるいはその場の一番立場が上の人（上位者、年長者）が着席します。

席次マナーのポイント

①入口から遠い奥の席が上座です。
②肘掛いすより、リラックスできる長いすのソファーのほうが上席です。
③窓を背にした席、サイドボードの置き物や絵など調度品がよく見える位置なども上席とされます。
④入口に一番近い席は、下座といって、下位の者が着席します。
⑤室内に事務机がある場合は、事務机に近い席に下位の者が着席します。

エレベーターや列車、タクシーにも席次があります。タクシーはドライバーの真後ろが上座になりますが、一番奥なので出入りが不便です。また、後部座席の3人掛けは中央が下位の者の席になりますが、いずれも臨機応変に「よろしければ……」と席を替えることを申し出

てもよいでしょう。図4-1の席次例をご参照ください。

応接室や会議室で複数の方が同席される場合には、相手の都合をうかがい「どのように着席いたしましょうか」と提案してもよいのです。

図4-1 各場面での席次

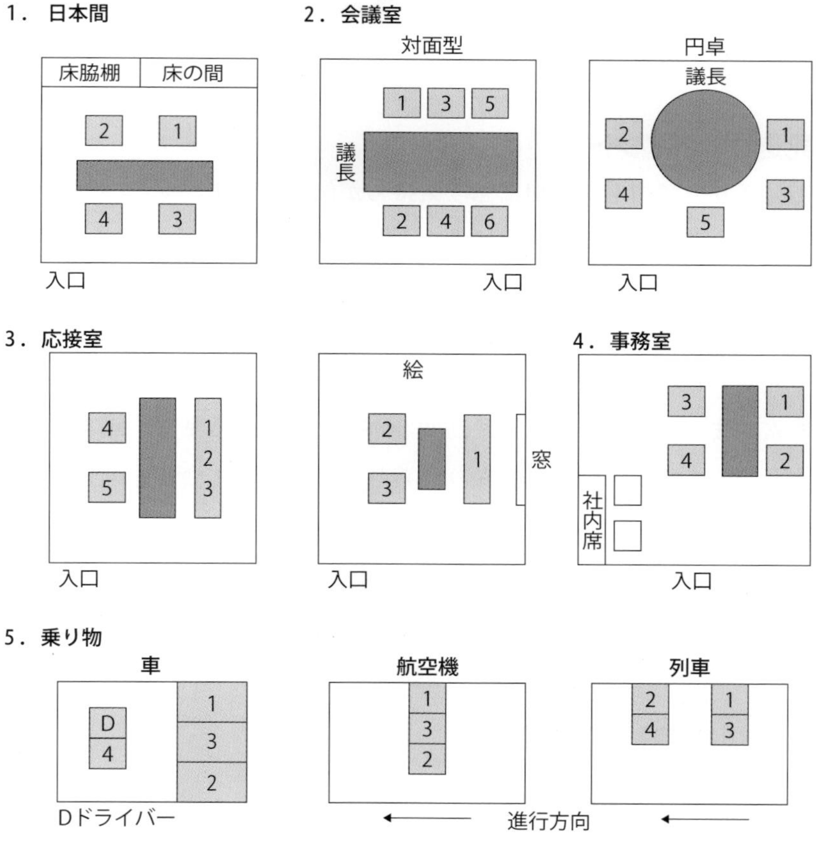

1．日本間

床脇棚	床の間
2	1
4	3

入口

2．会議室

対面型

議長
| 1 | 3 | 5 |
| 2 | 4 | 6 |

入口

円卓

議長
2、1、3、5、4

入口

3．応接室

4、5 ／ 1、2、3

入口

絵
2、3 ／ 1 ／ 窓

入口

4．事務室

3、1 ／ 4、2
社内席

入口

5．乗り物

車

D	1
4	3
	2

Dドライバー

航空機

1、3、2

← 進行方向 ←

列車

2、1 ／ 4、3

見送りは余韻が大事

　ある人の話です。歯の痛みがあり、終了間際に歯科医院に飛び込みました。診療が終わり「お大事に」の声に送られて、外に出た瞬間、ドアが音を立てて閉まり、「ガチャ」と鍵のかかる音がして、灯りが消えたそうです。救急の患者さんへの丁寧な対応のあとだっただけに少し悲しかったとのことでした。

見送りのポイント
①見送り方で相手を大切に思う気持ちが伝わります。
②相手の方との関係や状況により、どの場所で見送るかが決まります。
③訪問者が受付の前を通るときには、丁寧におじぎをします。
④エレベーターの前まで見送るときには、エレベーターの扉が閉まり、玄関ロビーの階に動きはじめてから移動をします。
⑤玄関まで見送るときには、訪問者が見えなくなるまで、車ならば遠ざかるまでが原則です。振り返られたときには、会釈を返します。

3 わかりやすく、感じのよい話し方と伝え方

敬語を使いこなす

　敬語は年齢や立場の差を越えて敬意を表すことができます。丁寧語は、会話を丁寧にする表現方法です。「〜です」「〜ます」「〜ございます」「お○○」「ご○○」といった丁寧語を使いこなすことでスムーズな関係を保つことができます。言葉は普段の使い方がそのまま表れや

すいものです。職場内では日頃から丁寧語で話すようにしましょう。きっと仕事がしやすくなると思います。

丁寧語のポイント

①どのような立場の人にも同じように丁寧な言葉で接します。
②物事を丁寧に表現する言い方で、誰に対しても使え、敬意や配慮を表します。
③接頭語の「お」や「ご」は自分の行動や行為に関する言葉には基本的に使いません。「お」「ご」の使いすぎは品位に欠けるので注意をします。
④会話は体言止め（名詞などの単語で終わらせる）ではなく、文の最後まで言います。
　例）「ホットコーヒー」と一言で終わらせず、「ホットコーヒーをお願いします」
　と語尾まで丁寧に伝えると感じがよいと思いませんか。
⑤同僚同士、親しい間柄でも節度を守るために、丁寧語で話すことを心がけます。

尊敬語と謙譲語のポイント

　主な言葉の言い換えを表4-5にまとめました。
①尊敬語：相手が主語になります。
　相手を高め、その人に敬意を示す表現方法で、特に「お（ご）〜になる」を使いこなすことがポイントになります。
②謙譲語：私が主語になります。
　自分の動作や状態などを謙虚に表現する方法です。
　「お（ご）〜する」「お（ご）〜いたす」「〜させていただく」の形を

表4-5 尊敬語と謙譲語の例

動詞の例	尊敬語	謙譲語
言う	おっしゃる	申す
聞く	お聞きになる	うかがう
見る	ご覧になる	拝見する
する	なさる	いたす
行く	いらっしゃる	うかがう
来る	おいでになる	参る
食べる	召し上がる	いただく、頂戴する
会う	お会いになる	お目にかかる
帰る	お帰りになる	失礼する、おいとまする

使います。

　敬語は、人格を尊重する心を形に表した言葉です。言葉は時代により変遷がありますが、いつの時代も敬語を使うことが、相手への敬意の表れであることに変わりがありません。敬語を使うことで品位を感じられ、相手から信頼を得ることができます。

クッション言葉を活用する

　クッション言葉は、ほとんど会話の初めに使います。クッション言葉を活用すると、指示命令の内容でも、相手の人格を尊重し、相手への不快感を最小限にすることができます。クッション言葉は「もし、よろしければ……」というような謙虚な姿勢を示し、ホスピタリティを表す言葉遣いだからです。「マジック・フレーズ」ともいわれています。日常生活に取り入れ、自然に使いこなせるようにしましょう。

クッション言葉のポイント

①指示や命令の内容を伝えるときに、言い初めにクッション言葉を用います。
②クッション言葉を使うと、語尾のほとんどが依頼形となり、やわらかな印象でホスピタリティを表しやすくなります。
③相手にお願いしている印象が強まるので、受け入れてもらいやすくなります。

クッション言葉の種類

①依頼……「恐れ入りますが〜していただけますか」
　例)「恐れ入りますが、こちらに横になっていただけますか」
②了承を得る……「お差し支えなければ〜お願いできますか」
③尋ねる……「失礼ですが〜でいらっしゃいますか」
④断る……「申し訳ございませんが〜（理由）＋（代替案）〜でしょうか」
　例)「申し訳ございません。安静が必要な患者さんが近くにいらっしゃいますので、小さな声でお話しいただけますでしょうか？」
⑤その他……「お手数ですが〜でしょうか」
　　　　　　「ご面倒をおかけいたしますが〜でしょうか」
　例)「ご面倒をおかけしますが、ご準備をお願いできますでしょうか？」

　さて、第1章の「枕詞」（57ページ）とクッション言葉は大変似ていますが、少しだけ違うニュアンスが含まれています。「枕詞」は話しにくいことを相手の許可を得て伝えるときに使います。「クッション言葉」は指示や命令、断り、依頼等をする際に主に使用し、丁寧かつ遠回しにやわらかい印象で相手が指示等を受け止めやすくします。

肯定的な表現を心がける

　私の夫が入院したとき、「今まで一度も入院したことがないので、慣れなくてまごまごしてしまいます」と話したところ、「当たり前じゃないですかぁ～、若いときから入院経験が豊富だったら困りますよ」と笑われてしまいました。「そうですね」と苦笑いをしたものの、こんなとき「今までお元気で本当によかったですね。でも、初めての入院では戸惑われますよね。わからないことがあったら、どうぞいつでもお声がけください」と言われたらどんなにホッとしたことでしょう。肯定的な表現は気持ちが前向きになります。前向きな気持ちは何よりの薬です。

肯定的表現のポイント
①まずは相手を受け入れる姿勢を貫きます。
②同じことを伝えても、否定的に伝わると心に響きにくく、行動が起きにくいのです。
③相手が何を求めているのか、相手の立場に立って考えると肯定的な言い回しがイメージしやすいようです。
　例)「お薬を決められたとおりに飲まないと、効果が出ませんよ」
　⇒「決められたとおりにお薬を飲むと、効果が出ますよ」
　　「召し上がらないと、いつまでも元気になりませんよ」
　⇒「少しでも召し上がると、体力がついて、早く元気になりますよ」

報告は結論から先に伝える

伝わる話し方のポイント
①相手が欲しい結果をまず初めに話します。
②事実と所感を分けて伝えます。
③断定的な言い方を避けます。
④文を短くすると伝わりやすくなります。
⑤誰がどうしたというように主語をはっきりします。
⑥大事なことは繰り返します。

> **報告例** 採血がうまくいかなかったことを指導者に報告する場合
>
> 「申し訳ありません。採血に時間がかかってお叱りを受けてしまいました（**結果**）。朝の採血のとき、何回か針を刺して、やっと採れたのですが、凝血があって、また採り直しになってしまったのです。もちろん、お詫びを申し上げました（**事実**）。お怒りは治まったかと思いますが……（**所感**）。○○さんには、痛い思いをさせて大変申し訳なく思っています。これから私は、上手に採血できるようにしっかり練習します（**主語の明確化**）。ご指導よろしくお願いいたします」

論理的に話す手順・PREP（プレップ）法
① （Point）主張や結論を伝えます。
- 「〜についてお話しします」「大切なポイントは○○だと考えます」
- 要点を決めるのが難しい場合は、優先順位から選びます。

② (Reason) 論理的かどうかは理由で決まります。
- 主張や結論について「なるほど」と思えるものを考えます。
- 相手が望んでいることを理由に選ぶと理解が得られます。

③ (Example) 具体的な事実やデータがあると説得力を増します。
- 数字を入れると納得感が強まります。
- 自分の体験や手に入れた情報等を正確に伝えます。

④ (Point) まとめをします。
- 初めのテーマを再度伝え直し、聞き手の記憶の強化と理解を深めます。
- 「大切なことは、○○です」「○○についてお話ししました」等で話し終えます。

例) (Point) 私は、メンタルヘルスの大切さを伝えています。
(Reason)(なぜならば)国内では年間3万人以上の自殺者がいるからです。うつ病を併発される方が多いようです。
(Example)(例えば)3万人というと、1日で90人近い方が自ら尊い命を絶っていることになります。首都圏では通勤途上での人身事故に慣れてしまうほど異例の事態が続いています。
(Point)(というわけで)自殺者軽減のために、うつ病への理解を促したいと考えています。そのためにメンタルヘルスの大切さと理解を深める活動をしています。

わかりやすい表現をする

以前、投書で読んだ話です。「来週、先生がイモアライをしましょうって言うんだけど、なんだろうね」と診察から戻った高齢者がつぶやきました。怪訝に思った家人が「それは、エムアールアイ(MRI)の

ことだ」とひらめきました。「エムアールアイ→エモールアイ→イモアライと聞こえたのかもしれない」と気づいたということです。回診や処置のときは患者さんの立場に立つとドキドキすることでしょう。ですから何をどうするのか簡単な説明があると少しは安心できます。

言葉を選ぶポイント

①専門用語や外来語を使うときには、意味を説明しながら話すようにします。その単語に慣れ親しんでいる度合いのことを「単語親密度」といいます。医療従事者だけに通じる言葉は一般の患者さんに伝わりません。また、年代が違えば使う言葉も違います。誰にでも伝わる言葉を意識しましょう。

②あいまいな言葉を避け、数字などを使って具体的に話します。「夕方」は何時頃なのか、「ときどき」はどれくらいの頻度なのか、「ちょっと待って」はどれくらいの時間を指すのか。待つ身としては、気になります。時間の案内には少しだけ余裕をもって、できるだけ具体的に話すとよいでしょう。

③余計な言葉や言葉不足に注意します。何をどうするのかを正確に言

わなければ伝わりません。

例)「レントゲンとりますから、足を診察台に乗せてください」と言われ、骨折した左足の爪先を乗せました。「あら、ちゃんと両足をそろえてください」と呆れ顔で言われ、思わず「初めにきちんと説明して」と言いたくなりました。

④複数の事柄は一度では覚え切れません。優先順位を三つほどにしぼって順に伝えます。

⑤大事な点は繰り返して、相手が理解しているか確認をしながら話します。

⑥明るい声で落ち着いてゆっくり話すと、聞く人が安心します。

⑦マイナスプラス法で話をすると受け入れてもらいやすいようです。文の初めにマイナス、あとにプラスの意味の言葉を言います。あとの言葉のほうが印象に残りやすく、配慮が感じられます。

例)「あなたが一生懸命仕事をしているのはよくわかるの。でも時間がかかりすぎるから困るわ」
⇒「時間がとてもかかるので困っているの。あなたが一生懸命仕事をしているのを知っているから、何かいい方法を一緒に考えませんか?」

⑧話の最後まで、言葉を丁寧に伝えるように意識しましょう。

⑨話をするタイミングが大事です。受け止めてもらえる余裕があるときを選びましょう。

馴れ馴れしい言葉遣いは要注意

①流行語を口にするのは軽い印象です。職場では、友達言葉は控えます。

例)「まじ!?」「いまいち」「うるさっ」「すごっ」「やばい」

②「それでぇ～」「○○なんですよぉ～」と語尾を伸ばしたり、話の途中で不自然に上げる半疑問形や省略した言葉遣いは品位を下げます。

　例)「～の形になります」⇒「～でございます」
　　　「～じゃないですか」⇒「～と思います」
　　　「～でよろしかったでしょうか」⇒「～でよろしいでしょうか」
③語尾には、言葉癖が出やすいものです。「それでさぁ～」「あのさ」「そうだよ」「そうなんだよねぇ」「違うよ」「……ですよね」語尾には注意が必要です。

リフレーミングで前向きに考える

　リフレーミングは、問題そのものの解決というより、行きづまりを和らげ、解決に導くヒントを得る手法で、簡単に言えば、あるフレームを別のフレームでとらえ直して、マイナスをプラスに転じる手法です。物事は表裏一体。同じモノでも見方が変われば違うモノにも見えるということを上手に利用するのです。これにはユーモアのセンスが大事です。意識してリフレーミングをしているといつの間にかプラス思考が身についていきます。

リフレーミングのポイント
①一つの面だけを見るのではなく、違う面から見ることで視点が変わります。
②別の意味をとらえ直すことで、新たな見方で考えることができます。
③ピンチをチャンスに変えるきっかけになります。

　次の話は、新聞を読んでいてリフレーミングだと感じた事例です。在宅治療の末期がんの患者さんを往診していた医師の話です。患者さ

んに高い熱が出ると「この熱で何万のがん細胞が死滅した」、吐けば「毒素が出てよかった」。「目標を立てましょう。来週の予定は？」と医師は未来型質問を患者さんにしたそうです。そのうちに患者さんは笑うようになり、前向きになっていきましたが、残念ながら2か月で亡くなられたとのことでした。投書をされたご家族は、支えてくれた関係者に感謝したいと記していました。言葉の威力のすごさを強く感じさせられました。

　リフレーミングの効果ですばらしいと思うのは、ほんの少し視点を変えるだけで意欲を高めることができることです。上司から部下ではなく、部下から上司へのアプローチも可能です。

会話例　リフレーミング

教育担当A「Cさんって、いつもイライラしてるのよね〜」
メンバーB「Aさんは、Cさんのことがとても気がかりなんですね」
教育担当A「もう少し丁寧な言い方ができればいいと思っているの」
メンバーB「どうしたら丁寧な言い方ができるか、Cさんと話してみては」
教育担当A「それもそうね。うまくいけば私もイライラしないですむし」

リフレーミングのコツ

①結果ではなく、動機や対処法を褒める……「何もせずじっとしています」⇒「今が熟成のときなのですね」
②数量化や数値化をする……「大丈夫なのが10点とすると、今、何点ですか？」「0点です」⇒「よかった、マイナスじゃなくて」

③身体や年齢のせいにわざとする……「腕が上がらないんです」⇒「そりゃあ、歳だ！」

本項ではいろいろな方法をお伝えしてきました。身につけようとさえ思えば、どれも簡単に身につけることができるはずです。ぜひ使いこなしてください。この項の内容はきっとこれからのあなたの強力な武器になると思います。

> **ふれあう瞬間にホスピタリティ
> を感じさせるスキルのまとめ**
>
> ①好印象を感じさせる言葉や形で思いやりの心を表そう。
> ②最初の出会いが肝心である。挨拶と笑顔を忘れないようにしよう。
> ③呼称や席次をしっかり覚えよう。
> ④肯定的な表現やリフレーミングを使いこなし、レベルの高いふれあいを意識しよう。

5 ホスピタリティのある姿勢で対応する

1 クレーム対応

　患者さんはさまざまな不平・不満があっても、「面倒くさい」「どうせ言っても変わらない」等で黙っている人が多いのです。実際にクレームをあげる人は、100人中たった4人という調査結果があります。ですからあげられた**クレームは氷山の一角**なのです。病人＝「弱っている人」だからこそ、「親切にしてほしい」「呼んだらすぐに来てほしい」「わかるように説明してほしい」「待たされたくない」という思いがあります。こういった弱者だからこそ強く感じている不平や不満に意識を向けることでクレームを防ぐことができるはずです。クレーム対応こそホスピタリティのある姿勢で臨みたいものです。

クレーム対応のポイント
①ただただ謝るのは逆効果です。迅速、丁寧、誠実の三つの態度で臨みます。
②クレームをあげた人の状況、気持ち、欲求に耳を傾け、話を最後まで聴きます。
③クレームの内容（日時、場所、担当、医療内容、担当者の対応、言葉や態度等）をよく聞き取ります。

表4-6　クレーム対応の7ステップ

①丁寧に相手の言い分を聴く	誠心誠意真心のこもった姿勢（表情や声のトーンにも配慮）で応対します。
②相づちを打ってよく聴く	相づちを打ちながら、「はい」の返事を大切にして、話を最後まで聴きます。「でも」「しかし」の言葉で遮らないように十分に注意をします。
③言い分を冷静に分析する	クッション言葉を活用し、質問をして苦情内容を明確にします。「お差し支えなければ、もう少し詳しくお教えいただけますでしょうか」と丁寧に問いかけます。
④具体的に詫びる	話を繰り返す、要約するなどを試みながら、相手の気持ちを想像して、事情を理解します。そして、「誠に申し訳ございません。ご迷惑をおかけしましたことを心よりお詫び申し上げます」と不便や不快な思いを招いたことを素直に謝ります。
⑤誠実に迅速に処理をする	苦情の内容により、上司と相談が必要な場合は、「上司と至急連絡をとりまして、折り返しご返事を差し上げます。申し訳ございませんが、お時間を少しいただけますでしょうか」と伝えます。すぐに解決ができる場合は、「早速○○のように対応させていただきます。恐れ入りますが、ご連絡先をお教えいただけますか」と丁寧な対応を心がけます。原則として相手の方のミスや誤解と思えることがあっても指摘はしないようにします。納得していただけるように努めます。
⑥お詫びと感謝の気持ちを表す	再度、自分の名前を伝えます。「私は○○の○○と申します。このたびは大変貴重なご意見をいただきまして、ありがとうございました。ご迷惑をおかけいたしまして誠に申し訳ございませんでした。今後このようなことのないように十分注意をいたします」と言葉と態度で誠意を表します。
⑦報告をし、今後のサービス向上に活かす	担当者や上司に報告、連絡をして、記録をとり、情報の共有化を行います。

④言葉の使い方に十分注意をします。

苦情処理の3変法
①場所を変える、人を変える、時を変えることで、クレームをあげた人の気持ちが落ち着くように配慮します。
②落ち着いた場所での誠意ある対応、詳しく説明ができる担当者がうかがう、時間の余裕をつくることで調査をするなど解決へ向かう姿勢を示します。

2 電話の応対

電話に出ているときは、組織の代表という気持ちで応対します。正確・迅速・簡潔・丁寧な応対を心がけましょう。

電話応対のポイント
①正しい姿勢と明るい笑顔から、明るく聞き取りやすい声が伝わります。
②かける側は周囲の騒音に注意をします。
③「今、よろしいでしょうか？」相手への配慮の一言が印象をよくします。
④電話は2コールで出るようにします。相手の名前の確認は「○○様でいらっしゃいますね」です。名前が聞き取れないとき、「お電話が遠いようでございますが」または「お名前はどのような字をお書きしますか」という聞き方がスマートです。
⑤電話のたらい回しはクレームにつながりますから十分な注意が必要です。

⑥クッション言葉や敬語を使い、相づちを打ちながら応対します。
⑦メモをとり、復唱確認をします。
⑧「私○○が承りました」と責任所在を明らかにするために最後に必ず名乗ります。電話をとったときに名乗った場合にも、再度伝えることがポイントです。
⑨相手が目上の場合を除き、かけた側から先に切るのがマナーです。受話器は、1、2、3と数えて丁寧に置きます。
⑩内線でスタッフにかけるときも、「受付の○○です」というように初めに名乗ります。用件を述べたあと、「失礼いたします」と挨拶をして受話器を置きます。

電話の受け方とかけ方

かけ方のポイント
①まず名乗ります。
②挨拶をします。
③取次ぎを頼みます。
④不在の場合は、用件または伝言を依頼します。
⑤かけたほうから受話器を置きます。

受け方のポイント
①受話器は左手、筆記具を右手で持ち、2コールでとります。
②「はい、○○でございます」と名乗ります。
③挨拶をします。
④用件を正確に取り次ぎます。

⑤不在の場合、5W3Hで伝言を承ります。
　5W3Hとは、誰が「Who」、何を「What」、いつまでに「When」、どこで「Where」、なぜ「Why」、どのように「How to do」、いくら「How much」、どのくらい「How many」を意味します。

携帯電話のポイント
①場所によって電源を切る、マナーモードに切り替えることを徹底します。
②着信音は職場であることを念頭に選びます。
③電話をかける場所に配慮をします。

伝言メモの方法

　誰が受けても、必要な情報を漏れなく聞き取れるようにすることが大切です。メモを書いて机に置いて終わり、携帯電話の留守電に伝言すれば終わりではなく、必ず名指し人が内容を確認したかを気遣います。

メモのポイント
①かけ手の名前は漢字を確認します。「恐れ入りますが、漢字はどのようにお書きすればよろしいでしょうか」
②数字は言葉を付け加えます。「17、ジュウナナ日の土曜日ですね」
③間違いやすい言葉や数字に注意します。イチとシチ、日比谷と渋谷等
④伝言メモには、受信日時と受信者名を必ず記載します。電話を受けたら時刻を見ることを習慣にしましょう。手がかりとして重宝します。

電子メール

相手の仕事を邪魔することなく発信できるパソコンや携帯電話のメールは必要不可欠なビジネスツールです。とはいえ、コミュニケーションの手段としては、一番手軽なものであることを再認識してください。機密が漏れることや、サーバーの状態によっては届かないことがあります。大事なことは電子メールと電話を併用しましょう。また、感情が伝わらないのでクレーム対応には不向きですし、ディスカッションで何かを決めることはやめたほうがよいでしょう。直接のやりとりをせずメールだけに頼ると、チームワークを阻害することにもなりかねません。

電子メールの注意ポイント

①良くも悪くもメールは記録が残ります。
　クレームや抗議は、直接会って話すことが基本です。
②緊急時の連絡には不向きです。
　メールは、パソコン等を開けなければ相手には伝わりません。
③謝罪や重要な依頼はメールですませてはいけません。
　個人情報や顧客リストが宛先間違いで流出しないとも限りません。
④相手の許可を得ずして、勝手に転送やcc（同報機能）で送信するのは要注意です。人間関係のトラブルの元になりかねません。
⑤問いかけの文章の多用を控えます。
　まず私はこう思うという考えを示すとよいでしょう。

ホスピタリティのある姿勢で対応するのまとめ

①クレームをすべて一人で処理しようとせず、人を変えるなど臨機応変な対応が望まれる。クレームがクレームを呼ぶことのないように、初めの対応が肝心である。

②電子メールはコミュニケーションの手段としては、一番手軽なものである。便利だからとそれだけですませるのはトラブルの元となる。基本は対面であることを忘れないようにしよう。

6 職員間のホスピタリティマナー

　ホスピタリティの気持ちは身内にこそ表されるものだと思います。仕事の成果を出すには、仲間との連携が欠かせません。仕事は一見、事柄だけで流れていきますが、事柄の裏には必ず感情があるのです。例えば、コピーを依頼するとき、遠くから「○○さん、これコピー」などと大声で言われるのと、目の前に足を運び「○○さん、忙しいところ悪いけれど、コピーをお願いできますか」と両手で原紙を渡されるのとでは、同じ仕事を受けるのでも全く気持ちが違います。このほんの少しの言動の差が、成果の差を生み出す要因にもなるのです。相手の立場に立つ、相手を思いやると言葉で言うのは簡単ですが、実際に行動に起こして初めて相手に伝わることを私たちは真摯に受け止めましょう。

1 仕事の基本はホウ・レン・ソウ

　確実な仕事で信頼され、仕事を任せられる人になるには、常に自己管理と研鑽が必要です。仕事上での仲間との接点は貴重な時間です。仕事を受ける、進める、連絡をする、相談をする等どの瞬間にも責任ある言動が求められます。そのための基本的なルールと心構えを私たちは求められています。

①連絡の義務……報告の手順とポイント
- まず事実（結論）を５Ｗ１Ｈの要領で簡潔に報告します。
- 資料やデータを用意し、理由や経過など細かな説明をします。
- 必要な場合には自分の意見や感想を述べます。

②情報の共有……連絡を密に入れる
- 相手に伝え、相互に意思を通じ合わせます。
- 院外からの連絡、関係先への連絡、情報提供、院内での連絡を意識します。

③創造的な対話……意見を出して話し合い、他人の意見を求める相談をする
- 自分勝手な結論は、全体の信用を失うことにもなりかねないことがあります。
- 相手の都合のよい状態を見極めて相談をもちかけます。
- まず自分の考えや答えを用意してから相談するようにします。

④指示の受け方
- 呼ばれたらすぐに相手の方向に体を向け、目を合わせ「はい」と返事をします。
- メモを手にして、指示をした人まで出向きます。
- 最後までよく聴いてから、質問をします。
- 数字や固有名詞に注意をして、内容を復唱確認します。
- いつまでに行うのか、期限を確認します。

2 仕事をスムーズにするための職場のホスピタリティマナー

　職場では、一人ひとりのプロ意識が大切です。どんなに専門知識や高い能力をもっていても、ホスピタリティを発揮する術をもたなければ一人で仕事の成果をあげることはできません。仕事をスムーズに行うためには、基本に忠実に仕事を進めることです。職場のマナーに、その基本の姿勢があります。

職場のマナーのポイント
①職場の機密を外部に漏らさないように、基本的な事柄を全員が周知徹底します。
- メールや添付ファイルの取り扱い、パソコンの管理
- 電子化されたものだけではなく、離席時や退社時の資料管理
- 公私混同に注意をする
- 公共の場（電車内、飲食店）で不用意なパソコン操作や、職場の話をしない

②整理・整頓を心がけます。
③法律や職場内のルール（出退勤、欠勤、遅刻、離席、外出、休憩等）を必ず守ります。
④社会常識に照らして、少しでもおかしいと気づいたら、上司に相談します。
⑤マイナス情報ほどできるだけ早く報告し、指示を仰ぎます。
⑥休憩中でも常に患者さんが最優先です。
⑦勤務時間中は雑談・私語を慎みましょう。
⑧やむを得ない理由による遅刻や欠勤はなるべく早く連絡をとりま

す。
⑨就業時間内の私用外出や私用電話は控えます。
⑩相手の意に反する性的言動や固定的な男女役割意識に対する見方に注意します。

　職場のマナーは、これくらいでいいという安易な態度は許されません。仕事をスムーズにするには、Speed（迅速）、Smartness（機転）、Sincerity（誠実）、Concise（簡潔）、Clear（明瞭）、Correct（正確）が求められています。そして職員同士、職員と患者さんやご家族、さまざまにかかわり合う人々が力を合わせ、ともに対等で、相互によりよい人生を歩めるように手を携えることで本来のホスピタリティが芽生えていくものと思います。

職員間のホスピタリティマナーのまとめ

①快い人間関係をつくり、チームの成果をあげるために職場のマナーを遵守しよう。

第4章の総括

　本章では、ホスピタリティあふれる対人サービスという視点から、ホスピタリティコーチングについて解説しました。
　高品質の対人サービスを提供するには、サービス提供者の充実した環境と仕事への責任ある姿勢が大切です。また、相手に関心をもつ姿勢がホスピタリティです。思いやりの心を相手に伝えるさまざまな方法をしっかりマスターしましょう。

参考文献

1）ローラ・ウィットワース・ヘンリー・キムジーハウス・フィル・サンダール、CTIジャパン訳『コーチング・バイブル』東洋経済新報社、1～247頁、2002年
2）Frederic M. Hudson, *The Handbook of Coaching*, Jossey-BassPublishers, pp. 1～13, 1999.
3）奥田弘美『医者になったらすぐ読む本─医療コミュニケーションの常識とセルフコーチング─』日本医事新報社、2011年
4）奥田弘美・木村智子『かがやくナースのためのperfectコーチングスキル』学習研究社、2006年
5）（DVD版）『メディカルサポートコーチング─医療コミュニケーション基礎─』チーム医療、2006年
6）奥田弘美『図解 心のコリをとる技術』大和出版、2008年
7）奥田弘美『自分の体をお世話しよう─子どもと育てるセルフケアの心─』ぎょうせい、2010年
8）奥田弘美・大手小町編集部『心を元気にする処方せん─幸せに生きるヒント─』保健同人社、2011年
9）植木清直『交流分析を深く活用した研修プログラムの提案』9～27頁、1999年
10）エーブ・ワグナー・デービッド・ワグナー、諸永好孝訳『よりよい人間関係とコミュニケーションスキル─TA＋NLP─』チーム医療、95～118頁、2000年
11）葛西千鶴子監修『ビジネスマナー早わかり事典』池田書店、48～49頁、2005年
12）千名裕『ナースのための患者接遇』学習研究社、29～34頁、1998年
13）田中千惠子編『患者接遇マナー基本テキスト』日本能率協会マネジメ

ントセンター、52〜55 頁、2005 年
14) 西村宣幸『コミュニケーションスキルが身につくレクチャー&ワークシート』学事出版、27〜37 頁、2008 年
15) 服部勝人『ホスピタリティ・マネジメント入門 第2版』丸善、15〜19 頁、2008 年
16) ジョセフ・オコナー・アンドレア・ラゲス、小林展子・石井朝子共訳『NLP でコーチング』チーム医療、332〜341 頁、2006 年

おわりに

　人の出会いは不思議な縁で結ばれています。奥田医師との出会いは、今から10年前、あるコーチングセミナー会場でのことでした。奥田医師の「ダイエットコーチング」のプレゼンテーションが終わり、人波が次の会場に移動しはじめたとき、私は講師席に座る医師を目指して歩いて行きました。唐突に名刺を差し出して挨拶をする私に、少し驚いたように奥田医師は対応されました。当時、関西在住であった奥田医師と神奈川県在住であった私にどこにも接点はありませんでしたが、第六感が働き、電話によるダイエットコーチングを申し出ました。そして私は見事減量に成功したのですが、その過程で奥田医師が"出版を通して自らの思いや考えを多くの人に伝えたい"という熱い想いをもっていることを知りました。私にはそんな奥田医師と共通する想いがありました。それは、女性がやりたいと思うことを女性特有の障害にめげずに進んでいくための声援を送ること、そしてともに成長していくことでした。また自分自身、足もとを固める努力を怠らず、困難を乗り越え、着実に夢を実現する奥田医師の姿勢に賛同し協働の意思をもったのです。そうして、奥田医師とともに「メディカル＆ライフサポートコーチ研究会」を立ち上げるに至るのです。

　私は、主にコミュニケーション分野の研修講師や個人コーチとして活動してまいりましたが、その出発点は幼児教育でした。そこで学んだ"モンテッソーリ教育"の創始者マリア・モンテッソーリ（Maria Montessori）は、まだ女性差別が残る時代、1896年のイタリアで初めて女医となり、精神医学を通して子どもの教育法を編み出した偉大な

女性です。モンテッソーリ法は五感をフル活用させる感覚教育を大きな柱にしています。この幼児教育における学びが、後に五感すなわち代表システムを重視する神経言語プログラミング理論（NLP）の学習を効果的に進めるうえで非常に役立ちました。

　私が担当した第3章と第4章では、神経言語プログラミング理論（NLP）と交流分析理論（TA）を背景にマネジメントコーチングとホスピタリティコーチングをお伝えしています。私がコーチングという言葉を初めて目にしたのは、夫が若かりし頃に受講した研修資料のなかでした。それから時を経てスポーツ以外でのコーチという存在に興味をもったとき、かの有名な兼好法師の徒然草52段「先達はあらまほしき事なり」の一節が浮かびました。私自身、導いてくれる師のありがたさを強く感じていたからです。本文中、度々登場する私の師とは故・植木清直氏のことで、生前に独自の視点の交流分析理論を詳細に伝えていただきました。その教えを本書にふんだんに盛り込んでいます。植木氏を中心に発足した研究会であるコミュニケーターズ・ゼミは十数名の仲間とともに、師の病没後十余年を経た現在も「ふれあい」をテーマに交流分析理論の研究を続けています。

　私は、現在看護学校の講師としても活動中ですが、私自身の紆余曲折の道が一本につながってきたことに今さらながら驚いています。ここに至るまで実に多くの方との出会いと導きがありました。本書は、奥田医師とともにセミナーでご案内してきた「メディカルサポート

コーチング法」や「セルフサポートコーチング法」、さらに当研究会メールマガジンでご案内してきたさまざまなコミュニケーション法を、これまでの学びと実践をもとにまとめたものです。わずかでも多忙な医療現場で働くみなさまのお役に立つことがあれば幸甚です。

　メディカル＆ライフサポートコーチ研究会は数多くの方々のご協力をいただき、10年継続することができました。この場をお借りして、今までご縁をいただいたみなさまに心からの感謝を申し上げます。誠にありがとうございました。今後とも一層のご指導ご鞭撻を賜りたくよろしくお願い申し上げます。

　末筆ではございますが、私どもへ出版の機会をご提供いただきました中央法規出版様、原稿の作成段階で数々の有効なアドバイスをくださった中村強さんに心より厚く御礼を申し上げます。

　本年が希望に満ちた明るい年になりますように。

2012年早春

メディカル＆ライフサポートコーチ研究会副代表
木村智子

索引

アルファベットで始まる語

A ································ 149, 152
AC ······························ 149, 153
CP ······························ 149, 152
FC ······························ 149, 153
I メッセージ ······················ 51, 170
NLP ································· 177
NP ······························ 149, 152
PREP 法 ···························· 235
TA ·································· 146
VAK ································· 177
WE メッセージ ························ 51
YOU メッセージ ··················· 51, 171

あ

アイコンタクト ························ 17
挨拶 ····························· 18, 213
挨拶言葉 ···························· 215
相づち ······························· 32
アサーティブ ························ 170
アサーティブに伝える ················ 170
あるがままの私 ················· 149, 153
合わせる私 ···················· 149, 153
案内 ································ 222
一時停止 ····························· 60
一般化 ······························ 139
イメージング ····················· 12, 76
医療接遇 ······················· 193, 200
うなずき ····························· 32
栄養 ································ 122
笑顔 ····························· 16, 216
エゴグラム ·························· 147
エゴグラム質問紙 ···················· 152
エゴグラムのパターン例 ·············· 154
応対の基本 ·························· 204

おうむ返し ················· 30, 160, 181
オートクライン ······················ 160
オープン型質問 ················· 37, 183
おじぎ ······························ 217
思いやる私 ····················· 149, 152

か

外食の食べ方 ························ 124
海草 ································ 123
過去型質問 ··························· 41
過去の成功体験を思い出す ············· 91
塊を再構築する ······················· 46
塊をほぐす ··························· 44
価値づける私 ·················· 149, 152
考える私 ······················· 149, 152
聴く ·························· 22, 24, 183
聞く ····························· 24, 183
共感 ································· 29
業務遂行能力 ························ 140
苦情処理 ···························· 244
果物類 ······························ 123
クッション言葉 ······················ 232
クレーム対応 ························ 242
クローズ型質問 ················· 37, 183
敬語 ································ 230
謙譲語 ······························ 231
肯定型質問 ······················ 40, 42
肯定的表現 ·························· 234
行動宣言 ····························· 85
行動をサポートする ··············· 71, 86
交流分析理論 ··················· 137, 146
コーチング ··························· 12
ココロ充電池 ························ 104
心のセルフチェックシート ············ 103
呼称 ································ 223

言葉の塊	44
コミュニケーション	12, 100
コミュニケーション・スタイル	147
コミュニケーション能力	132, 140
コラージュ	79

さ
自我状態	147, 149
自己実現	104
自己紹介	19, 218
視線の高さ	17
質問	35, 183
質問する	35
視点を転換する	90
充電レベル	106
上司	132
承認	55, 162
承認する	55, 88
省略	139
ジョハリの窓	135
神経言語プログラミング理論	177
信頼性	140
睡眠	125
数値化する	82
ストレス	104, 109
ストレスサイン	116
ストレス日記	115
ストローク	163
ストローク経済の法則	166
スランプ	90
生活バランス	126
生活バランスの六角形	128
席次	228
セミクローズ型質問	39
セルフケア	100
セルフサポートコーチング	101
ゼロポジション	26, 88, 159
尊敬語	231

た
第一印象	16, 174
代表システム	177
対面案内	225
他者紹介	218
炭水化物	123
たんぱく質	122
伝える	50
丁寧語	231
デメリット	73
伝言メモ	246
電子メール	247
電話の応対	244
ドアの出入り	227
糖質	123

は
非言語コミュニケーション	174
ビジュアル化	76
ビジョン実行能力	140
否定型質問	41
表情コントロール	217
ファシリテーター	185
フォロワーシップ	140
部下	132
ふれあいの構造図	138
プレップ法	235
ペーシング	29, 181
ペース＆リード	181
報告	235
ホウ・レン・ソウ	249

ホスピタリティ ……………………………… 192
ホスピタリティコーチング ……………… 192
ホスピタリティマナー ……………… 249, 251

ま

マイ・アクションプランの設定 ……… 70, 81
マイ・ゴールの設定 …………………… 70, 71
マイ・ストレスサイン …………………… 113
枕詞 ………………………………………… 57, 233
まとめと同意 ………………………………… 64
マネジメントコーチング ………………… 132
見送り ……………………………………… 230
身だしなみチェックリスト ……………… 202
ミラーリング ……………………………… 181
未来型質問 ……………………… 40, 42, 89
名刺交換 …………………………………… 221
目線 ………………………………………… 216
メッセージ ………………………………… 51
メディカルサポートコーチング ……… 24, 69
メリット …………………………………… 72
メリット・デメリットを具体化する ……… 72

メンタルヘルス …………………………… 100
目標達成型コミュニケーション法 ……… 12
目標達成法 ………………………………… 69
モデリング ………………………… 13, 15, 78
モンスターペイシェント ………………… 101

や

要望する …………………………………… 62
呼び方 ……………………………………… 223

ら

ラポール …………………………………… 133
リーダーシップ …………………… 140, 185
リフレーミング …………………………… 239
緑黄色野菜 ………………………………… 123
6項目の生活のバランス度 …………… 127

わ

ワーク・ライフ・バランス ……………… 126
歪曲 ………………………………………… 139

著者紹介

奥田弘美（おくだ　ひろみ）　　　第1章・第2章
1992年山口大学医学部卒業
精神科医（精神保健指定医）・日本医師会認定産業医（労働衛生コンサルタント）、メディカル＆ライフサポートコーチ研究会代表・日本マインドフルネス普及協会代表理事

研修医時代に患者さんとのコミュニケーションに悩んだ経験から、コーチングを医療分野にアレンジした「メディカルサポートコーチング法」を体系化することで苦手意識を克服。1999年から医師向け雑誌『ジャミックジャーナル』（日本医療情報センター・現在はリクルートドクターズキャリア）に連載したところ反響を呼び、医療界にコーチングブームを起こす。2000年メディカル＆ライフサポートコーチ研究会を木村智子副代表とともに設立し、医療コミュニケーション改善のためのセミナーや講演を長年にわたりライフワークとして実施している。医師としては精神科医、産業医として老若男女のメンタルケアに幅広く携わっており、近年はマインドフルネス瞑想を活用したストレスケア法の普及にも力を入れている。

著書に『1分間どこでもマインドフルネス』（日本能率協会マネジメントセンター）、『嘱託産業医スタートアップマニュアル―ゼロから始める産業医―』（共著、日本医事新報社）、『医者になったらすぐ読む本―医療コミュニケーションの常識とセルフコーチング―』（日本医事新報社）、『心に折り合いをつけてうまいことやる習慣』（共著、すばる舎）などがある。

著者連絡先　メディカル＆ライフサポートコーチ研究会（http://medical-life.info/）
奥田弘美公式ホームページ（https://www.hiromiokuda.net/）

木村智子（きむら　ともこ）　　　第3章・第4章
人材教育研修グループ「サンリカ教育研究所」代表
メディカル＆ライフサポートコーチ研究会副代表

現在、コミュニケーション分野の研修講師、個人コーチ、カウンセラー、看護専門学校講師として活動。また趣味を活かし、花や絵本、カラーセラピーを実践している。
NLPマスタープラクティショナー、産業カウンセラーとして、主に医療・美容・保育分野ならびに地域にて活動中である。

メディカルサポートコーチング
医療スタッフのコミュニケーション力
＋セルフケア力＋マネジメント力を伸ばす

2012年3月20日　初　版　発　行
2019年4月1日　初版第2刷発行

著　者　奥田弘美＋木村智子
発行者　荘村明彦
発行所　中央法規出版株式会社
　　　　〒110-0016　東京都台東区台東3-29-1　中央法規ビル
　　　　営　　業　TEL 03-3834-5817　FAX 03-3837-8037
　　　　書店窓口　TEL 03-3834-5815　FAX 03-3837-8035
　　　　編　　集　TEL 03-3834-5812　FAX 03-3837-8032
　　　　https://www.chuohoki.co.jp/

印刷・製本　株式会社太洋社
装幀・本文デザイン　スタジオビィータ
カバーイラスト　イオジン
本文イラスト　さとう久美
ISBN978-4-8058-3611-8

定価はカバーに表示してあります。落丁本・乱丁本はお取り替えいたします。
本書のコピー、スキャン、デジタル化等の無断複製は、著作権法上での例外を除き禁じられています。また、本書を代行業者等の第三者に依頼してコピー、スキャン、デジタル化することは、たとえ個人や家庭内での利用であっても著作権法違反です。